装配式混凝土结构检测技术研究

彭建和 侯高峰 罗居刚◎著

U0335605

吉林科学技术出版社

图书在版编目（CIP）数据

装配式混凝土结构检测技术研究 / 彭建和，侯高峰，
罗居刚编著. -- 长春：吉林科学技术出版社，2023.3
　　ISBN 978-7-5744-0265-2

　　Ⅰ．①装… Ⅱ．①彭… ②侯… ③罗… Ⅲ．①装配式
混凝土结构－检测－研究 Ⅳ．①TU370.3

中国国家版本馆 CIP 数据核字（2023）第 063923 号

装配式混凝土结构检测技术研究

作　　者	彭建和　侯高峰　罗居刚
出 版 人	宛　霞
责任编辑	金方建
幅面尺寸	185 mm×260mm
开　　本	16
字　　数	243 千字
印　　张	11
版　　次	2023 年 3 月第 1 版
印　　次	2023 年 3 月第 1 次印刷

出　　版　吉林科学技术出版社

发　　行　吉林科学技术出版社

地　　址　长春市净月区福祉大路 5788 号

邮　　编　130118

发行部电话/传真　0431-81629529　81629530　81629531
　　　　　　　　　　81629532　81629533　81629534

储运部电话　0431-86059116

编辑部电话　0431-81629518

印　　刷　北京四海锦诚印刷技术有限公司

书　　号　ISBN 978-7-5744-0265-2

定　　价　65.00 元

编委会

主　编

副主编　张今阳　康正炎　黄从斌

编　委　（按姓氏笔画排序）
　　　　王　义　杨智　戴然　李亚南　贺传友

前　言

伴随着世界城市化快速发展的趋势，我国也处于城市化快速发展的时期，政府需要为人民提供更高品质的住宅和更好的生活条件。从 20 世纪 60 年代开始，我国即开始了装配式建筑的尝试和努力，并取得了一些成果。装配式混凝土结构是目前我国主要的装配式建筑的结构形式之一，我国目前建造的装配式建筑房屋大部分是装配式混凝土结构房屋。另外，混凝土材料因取材广泛、价格低廉、抗压强度高及养护费用低等特点，成为当今世界建筑结构中最主要的结构材料。然而由于设计缺陷、施工质量、荷载作用和结构自身老化等，混凝土结构在其全生命周期中不可避免地产生不同程度的缺陷和损伤，这些损伤发展到一定程度将威胁结构的使用安全和寿命，严重情况下可导致重大事故和巨额经济损失。

随着我国经济社会的蓬勃发展，人们对建筑工程这一基础设施的要求也越来越高，而建筑工程的质量安全是其中最重要和最基本的需求。时有发生的建筑质量安全事故，严重威胁到了人们的生命安全和财产安全。可见，针对性地开展与不同阶段混凝土材料和结构检测目标需求相适应的损伤检测理论方法及技术研究，具有非常重要的理论意义和工程价值。

本书就装配式混凝土结构检测技术展开研究。首先介绍了装配式结构与检测的基本知识，在此基础上分别讨论了材料检测、预制构件制作及检测、装配式混凝土结构安装施工、装配式混凝土结构连接检测、装配式混凝土结构主体结构质量检测等内容，最后对装配式混凝土结构发展的未来进行了展望。

本书是在作者长期从事装配式混凝土结构检测技术研究和实践的基础上完成的，写作过程中结合了自身实际经验，参考了大量相关著作、文献，并考虑了一些最新检测评定技术，力求全面总结装配式混凝土结构检测评定方法。在此对相关作者和提供帮助的专家、同行表示衷心感谢。

由于我们的水平所限，书中错误之处在所难免，欢迎批评指正。

编者

2023 年 7 月

目 录

第1章　绪论

在当今新型城镇化、信息化、工业化同步发展的环境背景下，发展建筑工业化、推广装配式建筑、进行建筑产业的结构和技术升级符合当前我国社会经济发展的客观要求，可有效促进建筑业从高耗能建筑向绿色建筑的转变，加速建筑业现代化发展的步伐，保证建筑业的可持续发展。

目前，国家正在大力发展装配式建筑，转变建筑业的生产方式，努力实现建筑行业的转型升级。相比传统现浇的建造方式，装配式建筑具有建筑质量高、建设速度快、节省成本多、环保效益好等优势，同时也对项目管理提出了新的要求。

1.1　装配式结构概述

1.1.1　装配式建筑的概念

在过去的几十年时间里，我国建筑行业蓬勃发展，极大地促进了国民经济的增长。面对我国现今土地出让费用增加、劳动人工价格不断上升、人们对节能环保的要求逐步提高，建筑行业所面临的竞争压力越来越大。为提高核心竞争力，新的行业产业模式——装配式建筑应运而生。

1. 装配式建筑/结构

装配式建筑是指把传统建造方式中的大量现场作业工作转移到工厂进行，在工厂加工制作好建筑用构件和配件（如楼板、墙板、楼梯、阳台等），运输到建筑施工现场，通过可靠的连接方式在现场装配安装而成的建筑。在建筑工程中，简称装配式建筑；在结构工程中，简称装配式结构。

2. 预制率

预制率指的是装配式建筑±0.000以上的主体结构和围护结构预制构件（预制外承重

墙、内承重墙、柱、梁、楼板、外挂墙板、楼梯、凸窗、空调板、阳台等）的混凝土用量占混凝土总用量的体积比。

3. 装配率

装配率通常按±0.000以上部分核算，指的是装配式建筑中预制构件、建筑部品（非承重内隔墙、管道井、排烟道、护栏、整体厨房、整体卫浴、整体储柜等）的数量或面积占同类构件、部品总数量或面积的比例。单体建筑装配率由单体预制率、部品装配率与其他之和组成。装配率指标反映建筑的工业化程度，装配率越高，工业化程度越高。

4. 预制构件

预制构件是指在工厂或现场预先制作的构件，如梁、板、墙、柱、阳台、楼梯、雨篷等。

1.1.2 装配式建筑的结构体系

结构体系是指结构抵抗外部作用的构件组成方式。装配式建筑体系根据受力构件的材料不同，可以分为混凝土结构体系、木结构体系、轻钢结构体系三种主要体系。

1. 混凝土结构体系

钢筋混凝土结构因其具有取材方便、成本低、刚度大及耐久性好的优点，在建筑结构以及土木工程中的应用非常广泛。20世纪70年代，我国装配式混凝土建筑主要采用大板结构体系，预制构件主要包括大型屋面板、预制空心板、楼梯、槽形板等。由于大板结构体系在构件的生产、安装施工与结构的受力模型、构件的连接方式等方面存在一定的缺陷，还需要克服建筑抗震性能差、隔声性能差、裂缝、渗漏、外观单一、不方便二次装修等问题。因此，大板结构体系多用于低层、多层建筑。

随着向节约型社会转型升级的可持续发展方向的逐步明确，在国家与地方政府的支持下，我国装配式混凝土结构体系在近十年来重新迎来发展契机，形成了如装配式剪力墙结构、装配式框架结构、装配式框架-剪力墙结构等多种形式的装配式建筑技术，完成了如《装配式混凝土结构技术规程》（JGJ 1—2014）、《钢筋套筒灌浆连接应用技术规程》（JGJ 355—2015）、国家标准设计图集《装配式剪力墙住宅》等相应技术规程的编制。

无论是全装配体系还是部分装配体系，装配式混凝土结构与现浇结构一样可划分为框架结构体系、剪力墙结构体系、框架-剪力墙结构体系三大类。

（1）装配式混凝土框架结构

部分或全部由预制混凝土梁、柱通过可靠的连接方式装配而成的混凝土框架结构称为装配式混凝土框架结构。对于装配式框架结构，其抗震性能在很大程度上取决于梁、柱节点的连接构造和受力性能，因此预制构件的连接节点是整个装配式结构的薄弱环节，也是装配式框架结构抗震性能研究的重点。根据节点连接形式的不同，装配式混凝土框架结构可以分为后浇整体式框架结构和全装配式框架结构。

后浇整体式框架结构是指把预制构件的节点通过现浇混凝土连接而成的结构，也称湿式连接框架结构。湿式连接可以实现"等同现浇"的节点抗震性能。

与后浇整体式框架结构不同，全装配式框架结构采用焊接、栓接、榫接等干式连接方法对预制构件进行连接，进而形成整个框架结构体系。该种连接方式基本上不需要现浇混凝土，在缩短工期和加快施工进度方面具有很大的优势。

焊接连接具有施工速度快的优点，但缺点也很明显，例如，焊缝质量难以控制，焊接节点刚性较大、延性不足等。

螺栓连接安装迅速，可大幅度缩短工期，但对预制构件的制作精度（例如螺栓孔的位置）有比较高的要求，并且连接节点处容易出现应力集中现象。

牛腿连接通过柱子上的外挑结构支撑上部的梁或板，形成连接。它具有承载能力高、施工速度快等优点，是一种常见的干式连接。根据不同的节点构造方法，牛腿连接还可以分为明牛腿连接、暗牛腿连接、型钢暗牛腿连接等。

（2）装配式混凝土剪力墙结构

混凝土剪力墙结构体系具有抗侧刚度大、承载力强、室内空间规整、建筑立面丰富等优势，在我国混凝土高层住宅中应用最为广泛。按照预制构件所占比例，装配式剪力墙结构可以分为全预制剪力墙结构和部分预制剪力墙结构。根据墙体构造的不同，又可将装配式混凝土剪力墙结构体系分为预制实心剪力墙、叠合剪力墙和预制夹心保温剪力墙三大类。

预制实心剪力墙结构是目前国内外应用最广泛的预制混凝土剪力墙结构体系，上下层预制剪力墙的竖向连接是影响该结构体系受力性能的最关键因素。常用的连接方式主要包括"湿式"的套筒灌浆连接（灌浆套筒按接头两端连接钢筋方式的不同分为全灌浆套筒和半灌浆套筒）、浆锚搭接连接、环筋扣合锚接、套筒挤压连接等，以及"干式"的螺栓连接、预应力连接等。

叠合剪力墙结构体系是指将预制墙板构件在现场拼装就位，然后利用后浇混凝土叠合层连接形成整体的剪力墙体系。按照墙体构造的不同，叠合剪力墙主要包括双面叠合剪力墙和单面叠合剪力墙两种。双面叠合剪力墙具有预制构件自重轻、便于运输与吊装、综合经济成本较低等优点。相比双面叠合剪力墙，单面叠合剪力墙在施工现场的湿作业量大，目前工程中主要作为双面叠合剪力墙结构体系的补充，用在纵、横向剪力墙的相交部位。

预制夹心保温剪力墙是一种集保温、承重、装饰多功能于一体的预制剪力墙，由内叶预制剪力墙板、外叶预制围护墙板、夹心保温层和保温连接件等组成。按照内叶预制剪力墙板构造的不同，可分为夹心保温实心剪力墙和夹心保温叠合剪力墙两类。

总体上，采用"湿式"连接的装配式剪力墙结构可以基于"等同现浇"原则进行抗震设计。而采用"干式"连接的剪力墙受力性能则与现浇剪力墙有一定差别，属于"非等同现浇"的情况，其设计计算方法有待进一步研究。

（3）装配式混凝土框架-剪力墙结构

框架-剪力墙结构兼有框架结构平面布置灵活和剪力墙结构抗侧刚度大的优点，在我国高层建筑中属于应用量大面广的结构形式。对于装配式混凝土框架-剪力墙结构，《装配式混凝土结构技术规程》（JGJ1—2014）给出的推荐建议是：剪力墙采用现浇，框架采用装配，即采用半装配形式。但是在实际施工中，现浇剪力墙的施工过程烦琐，影响整体施工进度，无法发挥装配式结构缩短施工周期、提高施工效率的优点。因此在建筑工业化的背景下，全装配式混凝土框架-剪力墙结构将是未来科学研究和市场推广的重点，即结构中的框架、剪力墙均采用预制构件，进而减少湿作业量，加快施工速度，发挥装配式结构的优势。

2. 木结构体系

木结构体系是以木材为主要受力构件。由于木材本身具有抗震、隔热保温、节能、隔声、舒适等优点，在欧美国家，木结构是一种广泛采用的建筑形式。加拿大不列颠哥伦比亚大学的 Brock Commons 一期大楼，就是装配式木结构建筑的范例之一。这栋 53m 高的 18 层大楼，也是北美第一栋重型混合木结构高层公寓。它的独特之处在于采用重型混合木结构：底层是混凝土裙楼，其上是 17 层重型木结构，混凝土核心筒从底层贯穿至顶层。

但是，我国人口众多，房地产业需求量大，森林资源和木材贮备稀缺，木结构并不适合我国的建筑发展需要。我国现有的木结构低密度住宅是一种高端产品，木材也大多依赖进口。

3. 轻钢结构体系

轻钢结构主要是指以轻型冷弯薄壁型钢、轻型焊接和高频焊接型钢、薄壁板、薄壁钢管、轻型热轧型钢拼装、焊接而成的组合构件等为主要受力构件，大量采用轻质围护隔离材料的结构。

轻钢结构在工业发达国家的应用已有上百年历史，如英国、美国、日本等早在 19 世纪 60 年代就开始用轻钢结构建造厂房、仓库等。轻钢结构是近 10 年来发展最快的领域，在美国轻型钢结构建筑占非住宅建筑的 50% 以上。

轻钢结构质量轻、施工方便、周期短、抗震性能好、造型美观、节奏明快、经济效果好，是对居住环境影响最小的结构之一，在西方有"绿色建筑"之称，因此，已被广泛应用于一般工农业建筑，商业、服务性建筑，标准办公楼，学校、医院建筑，别墅、旅游建筑，各类仓库性建筑，娱乐、体育场馆，地震区建筑，活动式可拆迁建筑，建材缺乏地区的建筑，工期紧的建筑，旧房改建、翻修等建筑领域。轻钢结构住宅建筑已成为住宅建筑发展的一个重要推广方向。

1.1.3　装配式混凝土结构的特点

1. 装配式与传统的混凝土结构区别

装配式混凝土结构施工是国内外建筑工业化最重要的生产方式之一，也是实现我国建筑产业现代化的有效措施之一。装配式混凝土结构是由预制混凝土构件或部件通过钢筋、连接件或施加预应力加以连接并现场浇筑混凝土而形成的结构。它与传统混凝土结构的不同主要体现在建造方式、运营模式、建造理念三个方面：

（1）建造方式不同。装配式混凝土结构建筑是用预制的构件在工地装配而成的建筑，而传统建筑则沿用千年的"秦砖汉瓦"及现浇混凝土结构施工。如果说现场浇筑是"燕子衔泥垒窝式"的施工，那么装配式建筑就是"喜鹊叼枝架巢式"的施工。

（2）运营模式不同。传统的建筑工地将变为建筑工厂的"总装车间"，传统的建筑项目在施工现场组建项目部，主要的人力物力都会集中在建筑工地。装配式建筑则不同，施工中用到的部件、构件，如墙体、屋面、阳台、楼梯等基本在工厂中完成，然后运到项目工地进行"总装"，建筑工地上不必有太多的工人和设备。

（3）建造理念不同。装配式建筑实现了从粗放的建筑业向高端的制造业转变，摒弃传统、粗放、落后的建筑生产方式，追求质量、高效、集约，发展绿色建筑。

2. 装配式混凝土结构的优点

装配式混凝土结构有利于绿色施工，能符合绿色施工的节地、节能、节材、节水和环境保护等要求，主要优点如下：

第一，构件产业化。流水预制构件工业化程度高、质量好、经济合理；满足标准化、规模化的技术要求；满足节能减排、清洁生产、绿色施工等节能减排的环保要求等。构件成型模具和生产设备一次性投入后可重复使用，耗材少，节约资源和费用。

第二，预制构件的装配化使工程施工周期缩短；由于施工现场进行的工作仅仅是将预制构件厂预制好的构件进行吊装、装配、节点加固，主体结构成型后进行装修、水电施工等工作，工作量远小于现浇施工工法。同步工程效率高，预制施工工法可以做到上下同步施工，当建筑上部结构还在装配构件时，下部结构就可以同时进行装修、水电施工等工作，效率高，甚至可以投入使用。预制工法施工在施工时一般无须安装脚手架和支撑，这不仅使现场卫生整洁，更重要的是省去拆装脚手架和支撑的时间，大大缩短了工期。

第三，构件现场装配、连接，可避免或减轻施工对周边环境的影响；预制装配构件安装工艺的运用，使劳动力资源投入相对减少；机械化程度有明显提高，操作人员劳动强度得到有效缓解；预制构件外装饰工厂化制作，直接浇捣于混凝土中，建筑物外墙无湿作业，不采用外脚手架，不产生落地灰，扬尘得到有效抑制。

第四，混凝土构件安装时，除了节点连接外，基本不采用湿作业，从而减少了现场混凝土浇捣和"垃圾源"的产生，同时减少了搅拌车、固定泵等操作工具的洗清，大量废水、废浆等污染源得到有效控制。与传统施工方式相比，节水节电均超过30%；采用预制混凝土构件，使建筑材料在运输、装卸、堆放、控料过程中减少了各种扬尘污染。

第五，工厂化预制构件采用吊装装配工艺，无须泵送混凝土，避免了固定泵所产生的施工噪声；模板安装组装时，避免了铁锤敲击产生的噪声；预制构件装配基本不需要夜间施工，减少了夜间照明对附近居民生活环境的影响，降低了光污染，施工也不受季节限制。

3. 装配式混凝土结构工程的特点

装配式建筑是采用标准化设计、工厂化生产、装配化施工、一体化装修和信息化管理为主要特征的生产方式，并在设计、生产、施工、开发等环节形成完整的、有机的产业链，实现建造全过程的工业化、集约化和社会化，实现节水、节地、节材、节能和环保（四节一环保）。其最大的特点是构件在工厂预制、现场装配而成，即按照统一标准定型设计，在工厂内成批生产各种构件，然后运到工地，在现场以机械化的方法装配而成。相对于传统建筑业，装配式建筑作为建筑产业化的一种建造形式和载体，在生产效率、工程质量、技术集成、环保和节能降耗方面有较大优势。其特点具体体现在以下五个方面：

第一，标准化设计。

标准化设计是工业化生产的主要特征，主要是采用统一的模数协调和模块化组合方法，各建筑单元、构配件等具有通用性和互换性，满足少规格、多组合的原则，符合适用、经济、高效的要求。

标准化设计可以实现在工厂化生产中的作业方式及工序的一致性，降低了工序作业的灵活性和复杂性要求，使机械化设备取代人工作业具备了基础条件和实施的可能性，从而实现了机械设备取代人工进行工业化大生产，提高生产效率和精度。

标准化设计通过平面标准化设计、立面标准化设计、构配件标准化设计、部品部件标准化设计四个标准化设计来实现。平面标准化设计是基于有限的单元功能户型通过协同边的模数协调组合成平面多样的户型平面；立面标准化设计通过立面元素单元外围护、阳台、门窗、色彩、质感、立面凹凸等不同的组合实现立面效果的多样化；构件标准化设计是在平面标准化和立面标准化设计的基础上，通过少规格、多组合设计，提出构件一边不变，另一边模数化调整的构件尺寸标准化设计，在此基础上，提出钢筋直径、间距标准化合计；部品部件标准化设计是在平面标准化和立面标准化设计的基础上，通过部品部件的模数化协调、模块化组合，匹配户型功能单元的标准化。

第二，工厂化制造。

新时期建筑业在人口红利逐步淡出的背景下，为了满足持续推进我国城镇化建设的需要，必须通过建造方式的转变，通过工厂化制造取代人工作业，大大减少对工人的数量需求，并降低劳动强度。

建筑产业现代化的显著标志就是构配件工厂化制造，建造活动由工地现场向工厂转移，工厂化制造是整个建造过程的一个环节，需要在生产建造过程中与上下游相联系的建造环节有计划地生产、协同作业。现场手工作业通过工厂机械加工来代替，减少制造生产的时间和资源，从而节省资源；机械化设备加工作业相对于人工作业，不受人工技能的差异所导致的作业精度和质量的不稳定的负面影响，从而实现精度可控、精准，实现制造品质的提高；工厂批量化、自动化的生产取代人工单件的手工作业，从而实现生产效率的提高；工厂化制造实现了场外作业到室内作业的转变和从高空作业到地面作业的转变，改变了现有的作业环境和作业方式，也避免了由于自然环境的影响所导致的现场不能作业或作业效率低下等问题，体现出工业化建造的特征。

以结构构件为例，根据其生产工艺，确定定位画线、钢筋制作、钢筋笼与模具绑扎固定、预留预埋安放、混凝土布料、预养护、抹平、养护窑养护、成品拆模等工位，在工序化设置的基础上，通过设备的自动化作业取代人工操作，满足自动化生产需求。

第三，装配化施工。

装配化施工是指将通过工业化方法在工厂制造的工业产品（构件、配件、部件），在工程现场通过机械化、信息化等工程技术手段按不同要求进行组合和安装，建成特定建筑产品的一种建造方式。

装配化施工可以减少用工需求，降低劳动强度，减少现场的湿作业，减少施工用水、周转材料浪费等，实现资源节省，同时也减少现场扬尘和噪声，减少环境污染。通过大量构配件工厂化生产，工厂化的精细化生产实现了产品品质的提升，结合现场机械化、工序化的建造方式，实现了装配式建造工程整体质量和效率的提升。

施工现场装配化的"装配化"，绝非单一装配式建筑的简单要求，它对整体的构配件生产的配套体系和现场装配率均有较高要求。应按标准建立并完善装配化施工技术工法，在设计阶段优化利于节省人工用工、节省资源，避免工作面交叉、便于机械化设备应用、便于人工操作、利于现场施工的技术方法和设计方案。通过对装配化施工的工序工法研究，建立结构主体装配、节点的连接方式、现浇区钢筋绑扎、模板支设、混凝土浇筑、配套施工设备和工装的成套施工工序工法和施工技术。在一体化建造体系下，还应结合工程特点，制定科学性、完整性和可实施性的施工组织设计。在考虑工期、成本、质量、安全、协调管理要素要求下，制订相应的施工部署、专项施工方案和技术方案，明确相应的构配件吊装、安装、连接等技术方案，满足进度要求的构配件精细化堆放和运输进场方案。

第四，一体化装修。

装配化建造是一种建造方式的变革，是建筑行业内部产业升级、技术进步、结构调整的一种必然趋势，其最终目的是提高建筑的功能和质量。装配式结构只是结构的主体部分，它体现出来的质量提升和功能提高还远远不够，应包含一体化装修，通过主体结构与一体化装修的建造，才能让使用者感受到品质的提升和功能的完善。

一体化装修区别于传统的"毛坯房"二次装修方式。一体化装修与主体结构、机电设备等系统进行一体化设计与同步施工，具有工程质量易控、提升工效、节能减排、易于维护等特点，使一体化建造方式的优势得到了更加充分的发挥和体现。一体化装修的技术方法主要体现在以下四方面：管线与结构分离技术；干式工法施工技术；装配式装修集成技术；部品部件定制化工厂制造技术。

第五，信息化管理。

信息化管理主要是指以 BIM 信息化模型和信息化技术为基础，通过设计、生产、运输、装配、运维等全过程信息数据传递和共享，在工程建造全过程中实现协同设计、协同生产、协同装配等信息化管理。

对装配式建筑而言，信息技术广泛的应用会集成各种优势并互补，实现标准化和集约化发展，加上信息的开放性，可以调动人们的积极性并促使工程建设各阶段、各专业主体之间信息、资源共享，有效地避免各行业、各专业之间的不协调，解决设计与施工脱节、部品与建造技术脱节等中间环节的问题，从而加速工程进度，提高了效率。

1.2　装配式混凝土结构检测发展现状

装配式混凝土结构建筑在近些年来取得了快速发展，成为很多建筑施工的主要方式，而为了确保建筑的质量，就需要合理应用质量检测技术，对不同的位置、构件进行质量检测工作，以保证可以解决建筑物的质量问题。

装配式混凝土结构的建筑质量检测工作中，应注重各个阶段、各个结构、各个部分的质量有效检测分析，及时发现结构的质量问题和安全隐患，运用相对应的方式解决问题，保证质量能够与标准要求相符。

首先，质量检测期间所应用的技术理论不够先进，主要因为我国在装配式建筑工程、检测技术方面的发展时间很短，与西方发达国家相比存在一定差距，缺乏完善的理论、技术研究内容，难以确保检测技术的应用效果，加之施工部门重视成本的控制、效率的管理，严重制约着各方面的检测工作效果。

其次，工作过程中所运用的质量检测机械设备落后，难以针对性执行检测任务，甚至通过人工检测、简单机械设备等执行任务，不仅无法提升检测效果，甚至还会引发严重的后果，不能为检测工作提供一定的帮助与支持。

最后，质量检测的工作中没有重点关注整个装配式建筑施工过程的混凝土结构检测，尤其是准备环节、运输环节、安装环节，不能确保检测的科学，同时也没有按照质量检测的要求合理选择各种技术方法、工作措施，难以满足相关的结构质量检测基本需求。

"装配式混凝土结构建筑质量检测技术适用于各种工程建筑中，主要是通过物理量进行科学的检测、理论和实际的结合，同时还有相应设备的配合。只有增加工程的资金投入，将工程检测技术的相关标准进行完善，这样才能进一步保证检测的准确性和安全性。"[①] 在建筑工程中要不断地提高检测技术的水平，促进检测技术的发展，这样才能保证建筑工程的整体质量。实践表明，装配式混凝土结构建筑质量检测技术具有较大的发展潜力。

①郎顺潮. 装配式混凝土结构建筑质量检测技术的发展探讨 ［J］. 住宅与房地产，2017（03）：171.

1.3 装配式混凝土结构检测的主要内容

1.3.1 装配式混凝土结构建筑质量检测技术要点

1. 工程准备阶段的质量检测

施工单位将编制的设计方案和构件参数等交给预制厂，按照详细要求提前制备钢筋混凝土预制构件。完成预制构件的制备后，施工单位组织专门的技术人员对这些构件的各项参数和性能质量进行严格的检查。例如构件尺寸是否精确、构件有无裂纹、边角有无损坏等。如果经过质量检测发现有不符合使用要求的，应当要求预制厂方面进行处理。应对重点部位吊装方案进行明确，并做好安全事项等的交底作业，形成书面记录并存档。在构件吊装前应加强对吊装设备的检查，在检验合格后将预制构件吊装到运输车辆上。应对钢筋混凝土构件的轴线与控制线进行严格校验与标识，在准确无误后吊装。

2. 构件运输环节的质量检测

将钢筋混凝土预制构件装到运输车上，送往建筑工程的施工现场。在运输过程中也要加强质量控制，避免因为途中颠簸导致钢筋混凝土预制构件出现质量问题。例如，对于一些体积较大的预制构件，需要在边角位置加装橡胶垫块或其他软质材料，避免边角部位碰撞受损。预制构件的中间部位，要提供专门的支撑和加固装置。在到达施工现场后，也要组织技术人员对钢筋混凝土预制构件进行质量检测，以判断是否在运输过程中出现了质量问题。

3. 安装阶段的质量检测

安装施工在装配式建筑施工中属于重要的环节，有着相对较高的技术要求，施工难度也相对较大，若无法有效落实质量控制的方法，则会影响工程的施工质量及安全性。为此，企业应该做好安装活动的检测工作。

第一，企业要全面了解安装的程序，了解安装施工中的注意事项、关键点，在此前提下，利用有效措施，合理控制安装过程中的施工隐患。

第二，在施工中，不但要关注安装单个构件的状况，也应该针对建筑整体做好质量控制，对构件安装的状况全面检测，对构件的连接面进行查看，了解其固定是否有效，或者浇筑质量有没有符合施工标准等。

第三，加强检测建筑性能指标的活动，比如防水性、保温性等，让建筑可以保证实用性。

第四，应该合理运用各种检测技术，检测建筑以及周边环境实际融合状况，确保周边环境有着较强的稳定性。

1.3.2　装配式混凝土结构建筑质量检测内容要点

1. 构件检测

构件检测应包括预制构件进场和安装施工后的缺陷、尺寸偏差与变形、结构性能等内容。外观缺陷检测应包括露筋、孔洞、夹渣、蜂窝、疏松、裂缝、连接部位缺陷、外形缺陷、外表缺陷等内容。

内部缺陷检测应包括内部不密实区、裂缝深度等内容，怀疑存在内部缺陷的构件或区域宜进行全面检测，检测方法应符合现行国家标准《混凝土结构现场检测技术标准》（GB/T50784-2013）的规定。双面叠合剪力墙空腔内现浇混凝土质量可采用超声法检测，必要时采用局部破损法对超声法检测结果进行验证。混凝土叠合板式构件结合面的缺陷宜采用具有多探头阵列的超声断层扫描设备进行检测，也可采用冲击回波仪进行检测。

尺寸偏差与变形检测应包括截面尺寸偏差、翘曲等内容，检测方法应符合现行国家相关规定。粗糙面的凹凸深度可根据相关标准规定的方法进行量测，键槽的尺寸、间距和位置可用钢尺量测。

混凝土中钢筋数量和间距可采用钢筋探测仪或雷达仪进行检测，检测方法应符合现行国家标准《混凝土结构现场检测技术标准》的规定，仪器性能和操作要求应符合现行行业标准《混凝土中钢筋检测技术标准》（JGJ/T152-2019）的有关规定。梁、板类简支受弯预制构件进场时的结构性能检测应符合现行国家标准《混凝土结构工程施工质量验收规范》（GB50204-2015）的要求；其他预制构件，设计无要求时可不进行进场时结构性能检测。对进场时不做结构性能检测且无驻厂监造的预制构件，进场时应对其主要受力钢筋数量、钢筋规格、钢筋间距、混凝土保护层厚度及混凝土强度等进行实体检测。当委托方有特定要求时，可对存在缺陷、损伤或性能劣化现象的部位进行专项检测。

2. 连接检测

结构构件之间的连接质量检测应包括结构构件位置与尺寸偏差、套筒灌浆质量与浆锚搭接灌浆质量、焊接连接质量与螺栓连接质量、预制剪力墙底部接缝灌浆质量、双面叠合剪力墙空腔内现浇混凝土质量等内容。

现浇部分尺寸偏差检测应包括外露钢筋尺寸偏差、现浇结合面的粗糙度和平整度等内容，外露钢筋尺寸偏差可用钢尺或卷尺量测，现浇结合面的粗糙度可按相关标准规定的方法进行量测，现浇结合面的平整度可用靠尺和塞尺量测。

结构构件安装施工后的位置与尺寸偏差检测方法应符合下列几方面要求：即构件中心线对轴线的位置偏差可用钢尺量测；构件挠度可用水准仪或拉线法量测；相邻构件平整度可用靠尺和塞尺量测；构件搁置长度可用钢尺量测；支座、支垫中心位置可用钢尺量测；墙板接缝宽度和中心线位置可用钢尺量测。

套筒灌浆质量可采用 X 射线工业 CT 法、预埋钢丝拉拔法、预埋传感器法、X 射线法等针对不同施工阶段进行检测，并符合相关要求。

对采用钢筋套筒灌浆连接的外墙板以及梁、柱构件的套筒灌浆饱满度进行检测时，每个灌浆仓应检测其套筒总数的 50%且不少于 3 个套筒，被检测套筒应包含灌浆口处套筒、距离灌浆口套筒最远处的套筒。

对采用钢筋套筒灌浆连接的内墙板的套筒灌浆饱满度进行检测时，每个灌浆仓应检测其套筒总数的 30%且不少于 2 个套筒，被检测套筒应包含灌浆口处套筒、距离灌浆口套筒最远处的套筒。

双面叠合剪力墙空腔内现浇混凝土质量可采用超声法检测，必要时采用局部破损法对超声法检测结果进行验证。当双面叠合剪力墙空腔内现浇混凝土预留试块的抗压强度不合格时，宜采用钻芯法检测空腔内现浇混凝土的抗压强度。

第2章 材料检测

现阶段，我国建筑事业不断向前发展，装配式建筑工程施工规模正在不断扩张，相比于以往的现浇混凝土施工技术方法，装配式建筑工程在施工过程中施工效率更高、施工经济成本更低以及具有良好的环境保护效益，因此受到了我国各大工程施工单位的高度重视。装配式建筑工程中应用到大量的建筑材料，它们的性能好坏直接决定着工程质量，因此进行材料检测也是一项极为重要的工作。

2.1 混凝土及原材料

2.1.1 水泥

水泥是混凝土中最重要的组成材料，且价格相对较贵。配制混凝土时，如何正确选择水泥的品种及强度等级直接关系到混凝土的强度、耐久性和经济性。水泥是混凝土胶凝材料，是混凝土中的活性组分，其强度大小直接影响混凝土强度的高低。在配合比相同条件下，所用水泥强度愈高，水泥石的强度以及它与集料间的黏结强度也愈大，进而制成的混凝土强度也愈高。

1. 水泥的组成与分类

水泥的品种很多，大多是硅酸盐水泥，其主要化学成分是 Ca、Al、Si、Fe 的氧化物，其中大部分是 CaO，约占 60% 以上；其次是 SiO_2，约占 20%；剩下部分是 Al_2O_3、Fe_2O_3 等。水泥中的 CaO 来自石灰石；SiO_2 和 Al_2O_3 来自黏土；Fe_2O_3 来自黏土和氧化铁粉。

水泥按用途和性能分为通用水泥、专用水泥和特性水泥三类。通用水泥主要有硅酸盐水泥、普通硅酸盐水泥及矿渣、火山灰质、粉煤灰质、复合硅酸盐水泥等，主要用于土建工程。专用水泥是指有专门用途的水泥，主要用于油井、大坝、砌筑等。特性水泥是某种性能特别突出的水泥，主要有快硬型、低热型、抗硫酸盐型、膨胀型、自应力型等类型。水泥按水硬性矿物组成可分为硅酸盐的、铝酸盐的、硫酸盐的、少熟料的等。

2. 水泥的水化和硬化

水泥的水化硬化是个非常复杂的物理化学过程，水泥与水作用时，颗粒表面的成分很快与水发生水化或水解作用，产生一系列的化合物，反应如下：

$$3CaO \cdot SiO_2 + nH_2O \longrightarrow 2CaO \cdot SiO_2（n-1）H_2O + Ca（OH）_2$$

$$2CaO \cdot SiO_2 + mH_2O \longrightarrow 2CaO \cdot SiO_2 \cdot mH_2O$$

$$3CaO \cdot Al_2O_3 + 6H_2O \longrightarrow 3CaO \cdot Al_2O_3 \cdot 6H_2O$$

$$4CaO \cdot Al_2O_3 \cdot Fe_2O_3 + 7H_2O \longrightarrow 3CaO \cdot Al_2O_3 \cdot 6H_2O + CaO \cdot Fe_2O_3 \cdot H_2O$$

从上述反应可以看出，其水化产物主要有氢氧化钙、含水硅酸钙、含水铝酸钙、含水铁铝酸钙等。它们的水化速度直接决定了水泥硬化的一些特性。

3. 硅酸盐水泥生产

硅酸盐水泥的生产主要经过三个阶段，即生料制备、熟料煅烧与水泥粉磨。

（1）生料制备

生料制备主要将石灰质原料、黏土质原料与少量校正原料经破碎后，按一定比例配合磨细，并调配为成分合适、质量均匀的生料。

（2）熟料煅烧

①干燥和脱水。对黏土矿物——高岭土在500~600℃下失去结晶水时所产生的变化和产物，主要有两种观点，一种认为产生了无水铝酸盐（偏高岭土），其反应式为：

$$Al_2O_3 \cdot 2SiO_2 \cdot 2H_2O \rightarrow Al_2O_3 \cdot 2SiO_2 + 2H_2O$$

另一种认为高岭土脱水分解为无定型氧化硅与氧化铝，其反应式为：

$$Al_2O_3 \cdot 2SiO_2 \cdot 2H_2O \rightarrow Al_2O_3 + 2SiO_2 + 2H_2O$$

②碳酸盐分解。生料中的碳酸钙与碳酸镁在煅烧过程中都分解放出二氧化碳，其反应式如下：

$$MgCO_3 \Longleftrightarrow MgO + CO_2 - （1047~1214）J \cdot g^{-1}（590℃时）$$

$$CaCO_3 \Longleftrightarrow CaO + CO_2 - 1645J \cdot g^{-1}（890℃时）$$

③固相反应。固相反应过程大致如下：

800℃：$CaO \cdot Al_2O_3$（CA）、$CaO \cdot Fe_2O_3$（CF）与$2CaO \cdot SiO_2$（C_2S）开始形成。

800~900℃：$12CaO \cdot 7Al_2O_3$（$C_{12}A_7$）开始形成。

900~1 100℃：$2CaO \cdot Al_2O_3 \cdot SiO_2$（$C_2AS$）形成后又分解。$3CaO \cdot Al_2O_3$（$C_3A$）和$4CaO \cdot Al_2O_3 \cdot Fe_2O_3$（$C_4AF$）开始形成。所有碳酸钙均分解，游离氧化钙达最高值。

1 100~1 200℃：C_3A和C_4A大量形成，C_2S含量达最大值。

（3）熟料煅烧

煅烧水泥熟料的窑型分为回转窑和立窑两类。以湿法回转窑为例。湿法回转窑用于煅烧含水 30%~40% 的料浆。料浆入窑后，首先发生自由水的蒸发过程，当水分接近零时，温度达 150℃ 左右的干燥带。随着物料温度上升，发生黏土矿物脱水与碳酸镁分解过程。进入预热区。

物料温度升高至 750~800℃ 时，烧失量开始明显减少，氧化硅开始明显增加，表示同时进行碳酸钙分解与固相反应。物料因碳酸钙分解反应吸收大量热而升温缓慢。当温度升到大约 1 100℃ 时，碳酸钙分解速度极为迅速，游离氧化钙数量达极大值。这一区域称为碳酸盐分解带。

碳酸盐分解结束后，固相反应还在继续进行，放出大量的热，再加上火焰的传热，物料温度迅速上升 300℃ 左右，这一区域称为放热反应带。

大约在 1 250~1 280℃ 时开始出现液相，一直到 1 450℃，液相量继续增加，同时游离氧化钙被迅速吸收，水泥熟料化合物形成，这一区域称为烧成带。

熟料继续向前运动，与温度较低的二次空气进行热交换，熟料温度下降，这一区域称为冷却带。

4. 绿色水泥

水泥作为一种最大宗的人工制备材料，诞生 100 多年来，为人类社会进步和经济发展做出了巨大的贡献。它们在住宅建筑、市政、桥梁、道路、水利、地下和海洋工程以及核、军事等工程领域都发挥着其他材料所无法替代的作用和功能，成为现代社会文明的标志和坚强基石。

社会进步和经济发展需要我们提供足够多的优质水泥与混凝土，而其本身的不可持续发展性已无法适应这种需求。为解决这一矛盾，我们必须首先从观念上进行转变，加大本领域的科技投入，并充分利用当代科技进步的成果，增加高技术含量，提高整体科技水平。

（1）凝石

凝石是我国科学家发明的一种仿地成岩的新型建筑胶凝材料。这种将冶金渣、粉煤灰、煤矸石等各种工业废弃物磨细后再"凝聚"而成的"石头"，与寻常水泥相比，在强度、密度、耐腐蚀性、生产成本和清洁生产等许多方面表现十分突出。

凝石与普通水泥相比，具有多种优点。比如：生产过程实现"冷操作"，节省能源，不排放二氧化碳；生产过程大量减少烟尘，不破坏天然资源，不污染环境；凝石混凝土的强度、密度、耐腐蚀、抗冻融等方面的性能优良；以各种废渣为原料，"吃渣量"可达

90%以上，是处理废渣的最有效方法；生产成本低、工艺简单等。

"凝石"技术对破解我国一些产业的环境和资源瓶颈难题具有重要意义。目前，全国有数十亿吨的固体废弃物，仅煤矸石一种就高达34亿t。这些固体排放物还以每年10亿t的速度增加，造成巨大的环境压力。仅粉煤灰一项，全国每年的处理费用就达60亿元。此外，我国适宜烧制水泥的石灰石可开采储量为250亿t，以2003年的水泥产量计算，仅够用30余年。而一旦采用"凝石"技术，这些数量巨大的固体废弃物将变成生产优质类"水泥"胶凝材料——"凝石"的上佳原材料。

人类在建筑胶凝材料方面，已经历了千年的石灰"三合土"时代、百年的水泥"混凝土"时代。"凝石"技术的出现，很可能意味着人类即将迎来新的"凝石时代"。

众所周知，工业废渣成分大都为SiO_2、Al_2O_3、CaO等，这类废渣自身没有或只有很微弱胶凝性，但其大都是经急冷形成玻璃体，本身具有热力学活性，因而可用机械、热力、化学方法激活使之具有胶凝性。通用的方法是碱性激发或硫酸盐激发（即化学激发）。"二元化"湿水泥和阴体、阳体实际上就是各种工业废弃物和含碱$Ca(OH)_2$或硫酸盐Na_2SO_4、$CaSO_4$等物质，即用作无熟料水泥的极为普通的碱和硫酸盐，因而"凝石"必然是碱激发胶凝材料。

（2）矿渣粉煤灰胶凝材料

将矿渣、粉煤灰、石膏和复合激发剂混合，用QM-4H小型球磨机以150r/min转速，混磨5min，使物料充分混匀。将混好的物料放入胶砂搅拌机中，胶砂比为1:3，水胶比为0.50，搅拌3min，然后放入40mm×40mm×160mm的模具中，借助胶砂振动台振实成型。成型后，用刮刀刮平，覆盖塑料薄膜，在温度为（20±1）℃、相对湿度为90%的标准养护条件下养护。成型24h后脱模，按照《水泥胶砂强度检验方法（ISO法）》，检测其3d、7d、28d的抗折强度和抗压强度。

实验研究发现，随着粉煤灰掺量的增加，胶凝材料的强度逐渐降低。由于粉煤灰的活性低于矿渣的活性，在胶凝材料水化早期，主要进行的是矿渣受激发剂激发而发生的水化反应。然而，当矿渣和粉煤灰的加入量较为合理时，强度下降的趋势并不明显。粉煤灰加入量小于15%时，胶凝材料的强度为52.5级，符合《通用硅酸盐水泥》标准。随着石膏加入量的增加，胶凝材料强度增长较快。当石膏掺量超过10%以后，石膏掺量的增加对胶凝材料强度增强贡献并不大，抗折强度甚至有下降的趋势。石膏和矿渣及粉煤灰的水化反应程度主要取决于Ca^{2+}、OH^-以及SO_4^{2-}浓度，浓度高可加快水化反应速度，促进强度的增长。但石膏掺量过多，不仅凝结加快，阻碍水化物的扩散，而且参与水化反应后剩余的石膏只是以低强度状态存在于硬化体中，因而降低长期强度。随着复合激发剂加入量的增加，胶凝材料强度呈现先增长后降低的趋势，并在掺量5%时达到最高峰。复合激发剂中的硫酸盐可以激发矿渣和粉煤灰的活性，促进水化的进行，早期激发效果较为显著。但是，加入量过多会影响胶凝材料的强度。

5. 水泥质量检测

水泥进场前要求提供商出具水泥出厂合格证和质保单，对其品种、级别、包装或散装仓号、出厂日期等进行检查，并按批次对其强度（ISO 胶砂法）、安定性、凝结时间等性能指标进行复检。

（1）强度检验（ISO 胶砂法）

按规范要求制作胶砂强度试件，将成型好的试块放入标准养护箱中养护，24 小时后拆模，再将试块养护到规定的龄期。龄期到达后进行强度试验，并记录数据，形成水泥强度检验报告。对于达不到强度要求的水泥一律不得使用。

（2）安定性

体积安定性是水泥的一项很重要的指标，体积安定性不合格的水泥将会导致混凝土构件发生不均匀开裂等现象。体积安定性检测用沸煮法可以全面检验硅酸盐水泥的体积安定性是否良好。

（3）凝结时间

硅酸盐水泥初凝不小于 45min，终凝不大于 390min。

普通硅酸盐水泥、矿渣硅酸盐水泥、火山灰质硅酸盐水泥、粉煤灰硅酸盐水泥和复合硅酸盐水泥初凝不小于 45min，终凝不大于 600min。

（4）细度

筛析法测定水泥细度是用 80μm 标准筛（负压筛法也可用 45μm 标准筛）对水泥试样进行筛析，用筛网上所得筛余物的质量占原始质量的百分数来表示水泥样品的细度。试验分负压筛法及水筛法，在没有负压筛和水筛的情况下，允许用手工干筛法测定。

第一，主要仪器设备。

①试验筛。由圆形筛框和筛网组成，筛孔为 80μm 方孔，分负压筛和水筛两种。

②负压筛析仪。由筛座、负压筛、负压源及收尘器组成，筛析仪负压可调范围为 4 000~6 000Pa。

③水筛架和喷头。

④天平最大称量为 100g，分度值不大于 0.05g。

第二，试验方法。

一是负压筛法。

a. 将负压筛放在筛座上，盖上筛盖，接通电源，检查控制系统，调节负压至 4 000~

6 000Pa 范围内。

b. 称取试样 25g，置于洁净的负压筛中，盖上筛盖，放在筛座上，开动筛析仪连续筛析 2min，在此期间，如有试样附着在筛盖上，可轻轻敲击，使试样落下。筛毕，用天平称量筛余物。

c. 当工作负压小于 4 000Pa 时，应清理吸尘器内水泥，使负压恢复正常。

二是水筛法。

a. 筛析试验前，应检查水中无泥、砂，调整好水压及水筛架位置，使其能正常运转。喷头底面和筛网之间距离为 35~75mm。

b. 称取试样 50g，置于洁净的水筛中，立即用淡水冲洗至大部分细粉通过后，放在水筛架上，用水压为 0.05~0.02MPa 的喷头连续冲洗 3min。筛毕，用少量水把筛余物冲至蒸发皿中，等水泥颗粒全部沉淀后，小心倒出清水，烘干并用天平称量筛余物。

三是手工干筛法。

a. 称取水泥试样 50g，倒入干筛内。

b. 用一只手执筛往复摇动，另一只手轻轻拍打，拍打速度每分钟约 120 次，每 40 次向同一方向转动 60°，使试样均匀分布在筛网上，直至每分钟通过的试样量不超过 0.05g 为止。称取筛余物质量。

第三，试验结果。

水泥试样筛余百分数按下式计算：

$$F = \frac{R_s}{W} \times 100\% \qquad (2-1)$$

式中，F——水泥试样筛余百分数,%；

R_s——水泥筛余物的质量，g；

W——水泥试样的质量，g。

结果计算至 0.1%。负压筛法与水筛法或手工干筛法测定的结果发生争议时，以负压筛法为准。

2.1.2 细骨料

骨料也称集料，是混凝土的主要组成材料之一，在混凝土中起骨架和填充作用。在自然条件作用下形成的颗粒小于 4.25mm 的岩石颗粒为细集料，称为天然砂。细集料按其产源不同可分为河砂、海砂和山砂。河砂是由流水长期冲洗形成的圆形颗粒，一般工程大都采用河砂。长期受海水冲刷形成的圆形颗粒称为海砂。海砂较洁净，但常混有贝壳及其碎片，且氯盐含量较高。山砂存在于山谷或旧河床中，颗粒多带棱角，表面粗糙，石灰含量多。

细集料按其细度模数可分为粗砂（3.7~3.1）、中砂（3.0~2.3）、细砂（2.2~1.6）。按其加工方法不同可分为天然砂和人工砂两大类。不需要加工而直接使用的为天然砂，包括河砂、海砂和山砂；人工砂是指将天然石材或工业副产品高炉砂渣等破碎而成的，或加工粗集料过程中的碎屑。人工砂又分为机制砂和混合砂。

1. 细骨料质量控制指标

对普通混凝土用细集料的质量主要控制颗粒级配、云母含量和氯离子含量等指标。

（1）颗粒级配

砂的颗粒级配的优劣、粒度的粗细，既影响混凝土的技术性能，也影响水泥用量，是评定其质量的重要指标。我国砂的颗粒级配以 0.63mm 作为分区的控制粒级，因其累计筛余可包括的幅度最大，又处于各粒级的中点，有较好的代表性。对细度模数为 3.7~1.6 的砂，按 0.63mm 筛孔的累计筛余量（以重量百分率计）分成三个级配区。

（2）有害物质

砂不应混有草根、树叶、树枝、塑料、煤块、炉渣等杂物。砂中如含有云母、轻物质、有机物、硫化物及硫酸盐、氯盐等，其含量应符合规定。

（3）表观密度、堆积密度、空隙率

砂表观密度、堆积密度、空隙率应符合如下规定：表观密度大于 2 500kg/m^3；松散堆积密度大于 1 350kg/m^3；空隙率小于 47%。

（4）碱集料反应

经碱集料反应试验后，由砂制备的试件无裂缝、酥裂、胶体外溢等现象，在规定的试验龄期膨胀率应小于 0.10%。

砂中的云母对混凝土拌和物的和易性、硬化混凝土的抗冻及抗渗性能都有一定影响。因此，一般混凝土中砂的云母含量按重量计不宜大于 2%，有抗冻、抗渗及其他特殊要求的混凝土不宜大于 1%。

采用海砂配制混凝土时应该注意，对于位于水上和水位变动区以及在潮湿或露天条件下使用的钢筋混凝土，海砂中的氯盐含量（以全部氯离子换算成氯化钠，并相对于干砂重量的百分率计）不应大于 0.1%。对预应力混凝土结构的氯盐含量应从严要求。但对于素混凝土或干燥条件下使用的钢筋混凝土，海砂中氯盐含量不予限制。

2. 细骨料质量检测

使用前要对砂的含水、含泥量进行检验，并用筛选分析试验对其颗粒级配及细度模数进行检验，不得使用海砂。

（1）砂的颗粒级配筛分及细度模数

用天平称取烘干后的砂 1 100g 待用。将标准筛由大到小排好顺序，将砂加入最顶层的筛子中。将筛子放到振动筛上，开动振动筛完成砂子分级操作，称出不同筛子上的砂子量，做好记录，得出颗粒级配，并由以上数据计算得出砂子的细度模数。

（2）砂子质量应符合现行国家标准《普通混凝土用砂、石质量及检验方法标准》（JGJ52-2006）的规定

砂的粗细程度按细度模数分为粗、中、细、特细四级。除特细砂外，砂的颗粒级配可按筛孔公称直径的累计筛余量（以质量百分率计）分成三个级配区，且砂的颗粒级配应处于某一区内。

配制混凝土时宜优先选用Ⅱ区砂。当采用Ⅰ区砂时，应提高砂率，并保持足够的水泥用量，满足混凝土的和易性；当采用Ⅲ区砂时，宜适当降低砂率，当采用特细砂时，应符合相应的规定。

此外还要对砂的含水量、含泥量及泥块含量进行检测，达到相关材料规范要求后方可使用。

机制砂的检测参照上述规定执行。

2.1.3　粗骨料

粒径大于 4.75mm 的岩石颗粒可用作混凝土的粗集料。其中在自然条件下形成的称为卵石；由天然岩石、卵石（或冶金工业副产品的高炉重矿渣）经破碎、筛分而得的粒径在 4.75mm 以上的颗粒，称为碎石、矿渣碎石。

粗集料按岩石成因可分为火成岩、沉积岩（也称水成岩）、变质岩等。火成岩包括花岗岩、闪长岩、辉长岩、流纹岩、安山岩、玄武岩、火山灰和浮石、凝灰岩等。沉积岩包括砂、砾石、大卵石、页岩、粉砂岩、砂岩、角砾岩、白云石、泥灰岩、钙质岩、贝壳岩、蛋白石等。变质岩包括板岩、片麻岩、大理石、石英岩等。

1．粗骨料质量控制指标

对普通混凝土来说，颗粒级配、强度、坚固性和针片状颗粒含量是主要的控制技术指标。

（1）颗粒级配

根据我国工业与民用建筑和构筑物对粗集料粒度的要求以及粗集料生产和施工经验，在《建设用卵石，碎石》（GB/T 14685-2022）中把碎石或卵石划分为五种连续粒级和八

种单粒粒级。配制混凝土时应采用连续粒级。粗集料颗粒级配的优劣，既影响混凝土的技术性能，也影响水泥用量。根据混凝土工程的资源情况，进行综合技术经济分析后，允许直接采用单粒级，但必须避免混凝土发生离析。亦可以根据需要采用不同单粒级卵石、碎石混合成特殊粒级的卵石、碎石。按卵石、碎石技术要求分为Ⅰ类、Ⅱ类、Ⅲ类。Ⅰ类宜用于强度等级大于 C60 的混凝土；Ⅱ类宜用于强度等级 C30～C60 及抗冻、抗渗或其他要求的混凝土；Ⅲ类宜用于强度等级小于 C30 混凝土。

（2）表观密度、堆积密度、空隙率

表观密度、堆积密度、空隙率应符合如下规定：表观密度大于 2 500kg/m³；松散堆积密度大于 1 350kg/m³；空隙率小于 47%。

（3）碱集料反应

经碱集料反应试验后，由卵石，碎石制备的试件无裂缝、酥裂、胶体外溢等现象，在规定的试验龄期的膨胀率应小于 0.10%。

（4）岩石抗压强度

在水饱和状态下，火成岩的抗压强度应不小于 80MPa，变质岩应不小于 60MPa，水成岩应不小于 30MPa。

（5）有害物质

卵石和碎石中不应混有草根、树叶、树枝、塑料、煤块和炉渣等杂物。

（6）坚固性

碎石或卵石的坚固性是指在气候、外力或其他物理因素作用下的抵抗破碎的能力。因此，对粗集料坚固性的要求，按其制成的混凝土所处的气候、环境条件规定了不同的指标。将粗集料在硫酸钠饱和溶液中循环 5 次，对于在干燥条件下使用的混凝土用的集料，循环后的重量损失不宜大于 12%；在寒冷地区室外使用并经常处于潮湿或干湿交替状态下的混凝土粗集料，循环后的重量损失不宜大于 5%；在严寒地区室外使用并经常处于潮湿或干湿交替状态下的混凝土粗集料，循环后的重量损失不宜大于 3%。

粗集料坚固性指标的大小，对混凝土的抗压强度和抗冻性都有一定的影响。而且坚固性指标很大程度上受软弱颗粒的影响，也就是与岩石品种有关，软弱颗粒过多的石子，其坚固性必然不能满足要求。因此，对在寒冷地区，尤其在严寒地区使用的粗集料，应对其母岩有所选择。

（7）针片状颗粒含量

粗集料中针片状颗粒对混凝土的强度与和易性都有显著影响。

凡颗粒长度大于该颗粒所属粒径的平均粒径的 2.4 倍者称为针状颗粒；厚度小于平均粒径的 0.4 倍者称为片状颗粒（平均粒径是指该粒级上下限粒径的平均值）。一般来讲，针片状颗粒主要存在于碎石中，尤其中变质岩中的板岩经破碎后的针片状颗粒较多，而卵石中针片状颗粒含量较少。

针片状颗粒对混凝土拌和物的和易性有明显影响，且对高强混凝土的影响更大些。如果针片状颗粒含量增加 25%，则普通混凝土坍落度损失为 6mm，而高强混凝土则约损失 12mm。

针片状颗粒的存在对混凝土的抗折强度也有一定影响。因此，不同强度等级的混凝土对石子中针片状颗粒含量有不同的要求。一般来说，强度等级低于 C30 的混凝土，针片状颗粒含量按重量计不应大于 25%；对于小于 C50 大于 C30 （含 C30） 混凝土，则不应大于 15%；大于 C50 强度等级的混凝土，针片状颗粒应小于 5%；而 C10 以下 （含 C10） 混凝土的针片状含量可放宽到 40%。

粒径大于 40mm 的针片状颗粒，由于其本身颗粒较大，有足够的力学强度，故对混凝土性能不会产生危害作用。所以对粒径大于 40mm 的石子，其针片状颗粒含量可不加限制。

2. 粗骨料质量检测

使用前要对石子含水、含泥量进行检验，并用筛选分析试验对其颗粒级配进行检验，其质量应符合现行行业标准《普通混凝土用砂、石质量及检验方法标准》（JGJ52－2006）的规定：

（1）石子采用筛选分析实验方法 （参见砂筛选分析实验方法）。石子的公称粒径、石筛筛孔的公称直径与方孔筛筛孔边长应符合规定。碎石或卵石的颗粒级配，应符合要求。混凝土用石应采用连续粒级。单粒级宜用于组合成满足要求级配的连续粒级，也可与连续粒级混合使用，以改善其级配或配成较大粒度的连续粒级。

（2）当卵石的颗粒级配不符合要求时，应采取措施并经试验证实能确保工程质量后方允许使用。

（3）对于有抗冻、抗渗或其他特殊要求的混凝土，其所用碎石或卵石的含泥量不应大于 1.0%。当碎石或卵石的含泥是非黏土质的石粉时，其含泥量由 0.5%、1.0%、2.0% 分别提高到 1.0%、1.5%、3.0%。对于有抗冻、抗渗和其他特殊要求的强度等级小于 C30 的混凝土，其所用碎石或卵石的泥块含量应不大于 0.5%。

2.1.4　掺和料

在制备混凝土拌和物时，为了节约水泥，改善混凝土性能、调节混凝土的强度等级而加入的天然的或人造的矿物材料，统称为混凝土掺和料。用于水泥混凝土中的掺和料有活性矿物与非活性矿物之分。所谓活性掺和料，系指这类材料中均含有一定的活性组分，这些活性组分材料本身不会硬化或硬化速度极慢，但是在有水的条件下与混凝土中的氢氧化钙作用生成具有胶凝性质的稳定化合物。凡有这些活性组分的材料，称为活性掺和料。相反，凡不含或只含很少量活性组分的材料称非活性掺和料。

绿色混凝土为大量采用工业废渣为主的细掺料，使混凝土中水泥用量降低 30% ~ 50% 的低水泥用量生态混凝土。在不损害混凝土内部结构（孔结构、界面结构、水化物结构等）的发展与耐久性的前提下，保证高耐久性、工作性、各种力学性能、适用性、体积稳定性以及经济合理性的中等强度（30MPa）混凝土是高性能混凝土，而且是绿色高性能混凝土。随着世界保护能源和资源要求提高，人们更加关注水泥生产时大量排放 CO_2 问题，大量有效地利用工业副产品作为水泥基复合材料，如硅灰、高炉矿渣、粉煤灰等高性能减水剂使超细矿物掺和料应用于配制绿色高性能混凝土成为可能，特别是大掺量粉煤灰、大掺量矿渣混凝土。

绿色混凝土拌和物中由于掺有活性的细掺和料如粉煤灰等，而粉煤灰是一种含硅、铝氧化物的火山灰质材料，能够填充混凝土中的毛细孔及其他孔隙，提高了混凝土的保水性能。由于大量取代水泥，使混凝土的初、终凝时间比基准混凝土推迟 1 ~ 2 小时，工作性能保持良好，更有利于混凝土的泵送施工；由于混凝土水化热降低，对控制混凝土的温度裂缝和收缩裂缝极为有利。绿色混凝土的早期强度虽然较低，但高性能减水剂大大降低了混凝土的水灰比，使混凝土结构更加密实，耐久性提高；超细矿物掺和料的早期物理填充作用和后期活性填充作用的特性使混凝土的后期强度完全满足强度要求。高性能减水剂与大掺量活性细掺和料的复合作用使混凝土的性能得到改善和提高，从而大大减少了水泥用量，提高了工程质量，降低了工程成本，经济效益和社会效益巨大。

依靠化学外加剂大幅度减少用水量，来提高混凝土中水泥含量，以实现混凝土的高强度。但在工程实际应用有着明显的弊端，其一是由于水泥用量高，容易产生收缩裂缝；其二是由于用水量低，水泥不能完全水化，在混凝土中存在许多不稳定的水化产物，外界环境稍有变化，可能引发这些水化产物继续反应，使混凝土损坏。上述两点对混凝土的耐久性极为不利，为了保证混凝土高强度和高耐久性，在混凝土中加入外掺料是最为有效的方法。

外掺料作为胶凝性材料在混凝土中可大量替代水泥，从而减少收缩。由于外掺料的细度比水泥要小，在混凝土拌和物中可以充填在水泥颗粒之间替代了原来的充填水，从而更进一步减少了混凝土拌和用水量。这种减水作用是化学外加剂所不能实现的，特别是在超低水灰比时，这种作用更加明显。所以有人称外掺料为矿物减水剂。外掺料中的活性组分可以和水泥水化过程中产生的游离石灰及高碱性水化硅酸钙产生二次反应生成强度更高、稳定性更优的低碱性水化硅酸钙，从而达到改善水化胶凝物质组成并消除游离石灰的目的。

正是由于外掺料的使用，混凝土不仅保持了高强度，耐久性也大幅度提高，而且对混凝土拌和物的流动性和坍落度保持性也是有利的。这种具有高强度、高施工性、高体积稳定性、高抗渗性和高耐久性的混凝土被称为高性能混凝土。这是 20 世纪 90 年代以来混凝土技术研究的热点。

矿物掺和料由于其活性大小不同，用途也各异。非活性矿物掺和料通常只作填充料起填充作用。活性矿物掺和料可以替代部分熟料用作水泥混合材料，与适量石灰、石膏及粗细骨料混合，制成硅酸盐制品，但其更多的用途是作为混凝土的掺和料，即在拌制混凝土和砂浆时，掺入一定量的活性矿物掺和料，替代部分水泥。作为混凝土掺和料，目前使用较多、效果较好的是硅粉、矿粉、沸石粉及粉煤灰。尤其是矿粉与粉煤灰已在我国被大量采用。

1. 磨细矿渣

磨细高炉粒化矿渣是一种活性较高的混凝土掺和料。掺量可达到胶结料的 30%~50%，在这种条件下，混凝土可缓凝 1~2 小时。强度亦有所提高。

高炉矿渣是炼铁工业的副产品。炼铁过程一般是在高炉内进行的。由铁矿石、焦炭和杂矿组成的炉料从高炉顶部加入炉中自上而下，热风自下向上运动。在高温区，矿石中氧化铁被还原成金属铁，同时矿石中的 SiO_2、Al_2O_3 等与溶剂中的 CaO、MgO 等即化合成渣。成渣开始于 1 100~1 200℃，在 1 500~1 600℃ 时结束。渣的比重为 1.5~2.2，轻于铁水，故从高炉底部渣铁口上部流出，铁从下部流出。矿渣流出后用水急冷则呈粒状，故称为粒化高炉矿渣（或水渣）。

高温时呈熔融体的矿渣经急冷后大部分以熔融玻璃态被保留下来，结构上以玻璃体为主，就保证了矿渣具有较高的活性。我国大型钢铁企业的粒化高炉矿渣的玻璃体含量一般都在 85% 以上。

矿渣的化学成分以 CaO、SiO_2、Al_2O_3 为主，通常含量在 90% 左右。另外还含有少量的 MgO、Fe_2O_3、MnO、TiO_2 以及少量的硫化物。与水泥熟料相比，矿渣的 CaO 偏低，SiO_2 偏高。CaO、Al_2O_3、SiO_2 在矿渣中除主要形成玻璃体外还有少量的晶体。其中主要有铝方柱石（CA_2S）、钙长石（CAS_2）、硅酸二钙（C_2S）、硅酸三钙（C_3S）等。MnO 含量多时，还有镁方柱石（C_2MS_2）、镁橄榄石（M_2S）等。

矿渣的活性主要取决于它的化学成分和成粒质量。用作水泥混合材料的粒化高炉矿渣的品质之一是质量系数，必须大于 1.2。矿渣中的各氧化物对矿渣质量的影响大致有以下规律：

CaO 是矿渣中重要的化学组分之一，含量一般在 30%～46%。通常 CaO 含量越高，矿渣活性也越高。但如果其含量超过 50%，高温熔融渣的黏度降低，矿渣容易结晶，因此降低了活性。

Al_2O_3 是矿渣中又一个重要组分，其含量越高，则矿渣活性也越高，一般含量在 6%～24%。

SiO_2 是矿渣中第二大组分，含量一般在 26%～40%。在矿渣中它与 CaO、Al_2O_3、MgO 等结合成硅酸盐或铝硅酸盐。由于矿渣中 SiO_2 含量本来就高，CaO、Al_2O_3 等显得就不够。因此如果 SiO_2 含量再高，那么氧化物含量就更少，不能形成有活性的矿物。因此矿渣中 SiO_2 以偏低为好。

矿渣中 MgO 含量一般较水泥熟料多，在 1%～10% 范围内。但与熟料中 MgO 不同的是，它不是以结晶的方镁石存在。在矿渣中它与 CaO、SiO_2、Al_2O_3 等形成化合物，因此不会引起混凝土体积不安定的现象发生。相反，含量在 20% 以下时，MgO 含量高还可以促进矿渣的玻璃化，对提高活性有利。

一般高炉矿渣中 MnO 含量在 1% 左右。只有在冶炼锰铁时，所得渣中的 MnO 含量可能在 10%～20% 之间。在矿渣中，MnO 首先与硫化物生成 MnS。MnS 含量较多时，如大于 5%，将引起水泥强度下降。而且 MnO 含量较多时能与 CaO 生成对水泥强度有利的 CaS 的硫也少了。因此在矿渣中 MnO 属于有害成分。

TiO_2 为非活性组分。它在矿渣中与 CaO 化合成 $CaO \cdot TiO_2$（钙钛石）没有活性。在矿渣中 TiO_2 含量越低越好，一般含量小于 2%。

综上所述，可以看出对矿渣活性起促进作用的是 CaO、Al_2O_3、MgO，而对活性起不利作用的是 SiO_2、TiO、MnO。标准中质量系数的公式表达了这些化合物的作用。试验结果也证实质量系数与强度有良好的相关关系。根据大量试验数据，考虑到指标既要有先进性，也要兼顾到我国目前使用矿渣的实际情况，因此将质量系数指标定为必须大于 1.2。

矿渣中的有害成分有 MnO、S、TiO_2 和 F 几种。MnO 在矿渣中与硫化物生成 MnS，MnS 水化时体积膨胀 24%。试验表明，矿渣水泥 MnS 含量多时（>5%）将引起水泥强度下降。同时由于在矿渣中 MnS 比 CaS 先生成，CaS 水化可以析出 Ca（OH）$_2$，对激发矿渣活性有利，而 MnS 多了 CaS 就少了。国标中限制 MnO 含量小于 4%。实际上矿渣中 MnO 含量一般在 1% 左右，不超过 3%。故一般不会出现 MnS>5% 的情况。

当冶炼锰铁时，矿渣中锰化合物含量就大大增加。但是一般锰铁矿渣中 Al_2O_3 含量也较高，同时冶炼温度也高（可达 1 600～1 700℃），因此成渣质量也较好。研究结果表明，当锰矿渣中 MnO 高达 20% 时，也不会引起水泥安定性不良。生产中也曾使用过 MnO 为

13%~15%的锰渣。当然，由于MnO含量的增加，如果使矿渣中活性成分CaO和Al_2O_3含量减少，所以用高MnO的锰矿渣配制的水泥强度有所降低。因此，对MnO含量既不应有和普通矿渣一样的要求，但也不能过于放宽。因此标准中规定为氧化镁含量小于15%。

硫在矿渣中折合SO_3含量约1%~2%。S只有在与Mn生成MnS，且含量大于5%时，才引起强度降低。在一般矿渣中MnO含量本身就不高，标准对MnO又限制小于4%，因此国标中对一般矿渣的硫指标不做规定。

至于锰矿渣，由于MnO含量较多，为限制MnS含量小于5%，故标准中规定锰矿渣中硫小于2%。

矿渣中TiO_2与CaO反应生成钙钛石，这是非活性成分。由于TiO_2把具有活性作用的CaO结合为非活性成分，因此降低了矿渣的活性。标准中规定矿渣中$TiO_2 \leqslant 10\%$。实际上一般矿渣中$TiO_2 < 2\%$，最多也不会超过5%。只有钛矿渣中的TiO_2才比较高。

氟在一般矿渣中含量不高，对水泥的影响也比较小。但若采用含氟铁矿石冶炼生铁时，则矿渣中含氟量就会很高。此时氟以枪晶石（$C_3S_2 \cdot CaF_2$）形式存在。枪晶石中的氟在水泥水化时能溶出，延缓了凝结时间，降低了强度，因此对其含量应予以限制。标准中规定F含量应小于2%。

除以上化学成分指标外，标准对矿渣的容重（<1 100kg/m³）、未水淬的矿渣重量（<5%）和金属铁含量都有严格控制，对储存期（从水淬时算起）不宜超过三个月等也做了规定。这些规定都是为了保证获得较高质量的矿渣。

2. 粉煤灰

粉煤灰是当前国内外用量最大、使用范围最广的混凝土掺和料。粉煤灰是由煤粉炉排出的烟气中收集到的细颗粒白色粉末。因发电厂除尘方式不同，粉煤灰有湿排灰和干排灰两种。湿法除尘的粉煤灰常与炉下渣混合排出。因此湿排粉煤灰的颗粒较粗，烧失量较大。而干法除尘（如用静电除尘）收集的平灰则细度较细，烧失量较小。

根据燃煤品种的不同，粉煤灰又分为褐煤灰、烟煤灰和无烟煤灰三种。褐煤灰是由矿化程度较低的褐煤燃烧后形成的残灰，通常氧化钙较高，具有胶凝性质。烟煤灰是我国最常用的煤——烟煤燃烧后形成的残灰，它的氧化钙含量较低，我国绝大多数粉煤灰属于此类。无烟煤灰是由矿化程度最高的无烟煤燃烧后形成的残灰，其性质与烟煤灰相似。

磨细的煤粉在锅炉内燃烧时，由于高温及表面张力的作用加上排出炉外时的急冷，粉煤灰一般多呈球形，且富含玻璃体，含量在50%~70%。晶体部分主要是莫来石和石英，还有一定量的未燃尽炭，含量约为1%~24%。

从化学成分看，粉煤灰主要含有SiO_2（35%~60%）、Al_2O_3（13%~40%）、CaO（2%

~5%）、Fe_2O_3（3%~10%）等。

粉煤灰的活性来源，如从矿物结构上看，主要来自玻璃体，璃璃体含量越多活性越高。从化学成分上看主要来自活性 SiO_2、活性 Al_2O_3。活性组分越多，粉煤灰的活性也越高。但不容忽视的还有细度因素。粉煤灰越细，活性也越高。因此，粉煤灰的矿物结构、化学成分和细度是影响粉煤灰活性的最主要因素。

由于粉煤灰经高温熔融，所以其结构非常致密。尽管其水化过程仍与火山灰水泥水化过程类似，但水化速度要慢得多。研究表明，粉煤灰颗粒经过一年大约只有 1/3 进行了水化。事实上粉煤灰的活性要待三个月以后，才明显地发挥出来，活性发挥较慢。这可能是粉煤灰颗粒外层的致密熔壳在 $Ca(OH)_2$ 不断作用下，经过三个月的时间才逐步地受到侵蚀，将内部表面暴露出来，积极地参与水化作用。

作为水泥和混凝土掺和料的粉煤灰，必须对烧失量、含水量、SO_3 含量、细度、需水量比、抗压强度比等指标予以控制。

粉煤灰中的烧失量多为未燃尽碳，是挥发油已逸去的焦炭。它质轻孔多，吸水量大。烧失量的高低对强度的影响不是很大，主要是影响到混凝土的耐久性和建筑物的整体性。

将烧失量为 4%、8%、12% 的粉煤灰对砂浆、混凝土的强度、胀缩、钢筋黏结力和抗冻性的影响进行对比试验，发现烧失量主要是影响抗冻性，强度次之，其他无甚影响。

粉煤灰的细度通常可用 $45\mu m$ 筛余和 $80\mu m$ 筛余及以透气法测得的比表面积表示。考虑到 $45\mu m$ 人工湿筛易使筛孔堵塞，影响筛子的使用寿命，我国用 $80\mu m$ 筛余表征粉煤灰的细度，并根据粉煤灰的品质情况按级对其细度提出要求：Ⅰ级灰<5% 筛余；Ⅱ级灰<8% 筛余；Ⅲ级灰<25% 筛余。

需水量比是影响粉煤灰强度贡献的另一重要参数。由于粉煤灰颗粒呈球状，它的最大优点是可减少需水量，从而改善混凝土的许多性能。试验证明，粉煤灰需水量比大多在 91%~107%。

粉煤灰中的硫可能以不同形态存在。当以硫酸盐形态存在时，一般对混凝土没有什么危害。当以硫化物存在且含量较多时则有可能产生膨胀和引起钢筋锈蚀，我国电厂粉煤灰的 SO_3 含量绝大部分都小于 3%。从强度贡献出发，较高的 SO_3 含量可能形成较多的钙矾石，有利于增加混凝土的强度，但过量时则可能生成过量钙钒石，导致混凝土的体积不安定。因此，粉煤灰中 SO_3 含量不应超过 3.5%。

电厂多采用湿排灰方式排放粉煤灰，即将收尘器收集的粉煤灰用水经管道冲至贮灰场。被冲入贮灰场的粉煤灰根据在水中存在的方式一般呈三种状态。一种是浮在水面的被称为漂珠。漂珠的质量轻，具有很高的保温隔热性能，是粉煤灰中最主要的活性成分。冶金工业炉中乃至宇宙飞船上的保温绝热砖大多是由漂珠制成的漂珠砖。另一种是悬浮于水中的中空玻璃小球称为微珠。微珠也是粉煤中的活性成分。沉在水底的大部分是尾灰，一般不具有活性成分。由于湿排粉煤灰中漂珠往往随水漂走，微珠也有一部分损失，因此湿排粉煤灰的活性成分往往要打折扣。另外，粉煤灰的含水率较高能降低其活性，并使其凝聚结块，影响其运输及贮存。

粉煤灰的抗压强度比采用下式表达：掺30%粉煤灰的水泥抗压强度/掺30%细磨标准砂的水泥抗压强度×100%。这主要是考虑了以细磨标准砂为典型非活性混合材料。如粉煤灰具有活性，则用其配制的水泥强度应超过细磨标准砂配制的水泥强度。超过越多，说明活性越高。分子分母同时引入混合材料便可免除或减轻由于熟料不同而带来的影响。由于粉煤灰的活性到三个月后才能较快地发挥出来，进行抗压强度比实验时采用了三个月的龄期。但三个月龄期作为日常生产控制则太长，因此允许以70℃蒸养2d的强度比为生产控制指标。蒸养方法所得结果与三个月标准养护所得结果有良好的一致性，相关系数为0.86。

试验结果表明，硅、铝、铁氧化物与粉煤灰的强度贡献无相关性。而氧化镁主要富集在玻璃珠内以方镁石形式存在，对混凝土的安定性无不良影响。粉煤灰自身具有缓解碱骨料反应的能力，故氧化钠在粉煤灰中的含量亦不受限制。但是当混凝土使用的是活性集料，又在水中工作，那么就有必要控制混凝土各组分的氧化钠、氧化钾总含量。

由于粉煤灰比重小，细粉料多，干灰易飞扬，湿灰易流淌，容易污染环境，因此粉煤灰的运输和贮存是很重要的，必须给予足够的重视。否则尽管粉煤灰的品质很好，也会带来一些使用上的困难。

2.1.5 外加剂

混凝土外加剂是指在拌制混凝土过程中，根据不同的要求，为改善混凝土性能而掺入的物质。其掺量一般不大于水泥质量的5%（特殊情况除外）。

1. 混凝土外加剂的分类

由于外加剂加入，可显著改善混凝土某种性能，如改善拌和物工作性、调整水泥凝结硬化时间、提高混凝土强度和耐久性、节约水泥等。混凝土外加剂已在混凝土工程中被广泛使用，甚至已成为混凝土中不可缺少的组成材料，因此俗称混凝土第五组分。

混凝土外加剂种类很多，按其主要功能可分为四类：能改善混凝土拌和物流变性能的外加剂（如减水剂、引气剂和泵送剂等）；能调节混凝土凝结时间、硬化性能的外加剂（如缓凝剂、早强剂和速凝剂等）；能改善混凝土耐久性的外加剂（如引气剂、防水剂和阻锈剂等）；以及能改善混凝土其他性能的外加剂（如引气剂、膨胀剂、防冻剂、着色剂、防水剂等）。

2. 常用混凝土外加剂

（1）减水剂

减水剂是指在混凝土坍落度基本相同的条件下，以减少拌和用水量的外加剂。混凝土拌和物掺入减水剂后，可提高拌和物流动性，减少拌和物的泌水离析现象，延缓拌和物凝结时间，减缓水泥水化热放热速度，显著提高混凝土强度、抗渗性和抗冻性。

（2）早强剂

能加速混凝土早期强度发展的外加剂称早强剂。早强剂主要有氯盐类、硫酸盐类、有机胺三类以及它们组成的复合早强剂。

（3）引气剂

在搅拌混凝土过程中能引入大量均匀分布的、稳定而封闭的微小气泡（直径在 $10\sim100\mu m$）的外加剂，称为引气剂。主要品种有松香热聚物、松脂皂和烷基苯碳酸盐等。其中，以松香热聚物的效果较好，最常使用。松香热聚物是由松香与硫酸石碳酸起聚合反应，再经氢氧化钠中和而得到的憎水性表面活性剂。

（4）缓凝剂

缓凝剂是指能延缓混凝土凝结时间，并对其后期强度无不良影响的外加剂。由于缓凝剂能延缓混凝土凝结时间，使拌和物能较长时间内保持塑性，有利于浇筑成型，提高施工质量，同时还具有减水、增强和降低水化热等多种功能，且对钢筋无锈蚀作用。多用于高温季节施工、大体积混凝土工程、泵送与滑模方法施工以及商品混凝土等。

（5）速凝剂

能使混凝土迅速凝结硬化的外加剂，称速凝剂。主要种类有无机盐类和有机物类。常用的是无机盐类。速凝剂的作用机理：速凝剂加入混凝土后，其主要成分中的铝酸钠、碳酸钠在碱性溶液中迅速与水泥中的石膏反应生成硫酸钠，使石膏丧失其原有的缓凝作用，从而导致铝酸钙矿物 C_3A 迅速水化，并在溶液中析出其水化产物晶体，致使水泥混凝土迅速凝结。

（6）防冻剂

防冻剂是指在一定负温条件下，能显著降低冰点使混凝土液相不冻结或部分冻结，保证混凝土不遭受冻害，同时保证水与水泥能进行水化，并在一定时间内获得预期强度的外加剂。实际上防冻剂是混凝土多种外加剂的复合。主要有早强剂、引气剂、减水剂、阻锈剂、亚硝酸钠等。

（7）阻锈剂

阻锈剂是指能减缓混凝土中钢筋或其他预埋金属锈蚀的外加剂，也称缓蚀剂。常用的是亚硝酸钠。有的外加剂中含有氯盐，氯盐对钢筋有锈蚀作用，在使用这种外加剂的同时应掺入阻锈剂，可以减缓对钢筋的锈蚀，从而达到保护钢筋的目的。

（8）防水剂

混凝土内部有许多弯弯曲曲的毛细孔通路，使混凝土处于有静水位差时产生渗漏。这些毛细管由于有吸引力将较低位置的水分吸引到高位，使水分渗过混凝土而返潮，这就需要在混凝土中加入各类防水剂来填塞毛细管孔道以增强抗渗性。许多种皂类、脂肪酸类以及一些石油产品下脚料或石油产品经过加工后，都能使混凝土中毛细孔表面的疏水性增加，从而达到增强抗渗性能的目的。其他如石蜡、沥青、纤维素及硅酸钠等也可提高抗渗性。一些细分散物质，某些减水剂、引气剂、早强剂等常可减少混凝土中水的渗透。

（9）养护剂

混凝土浇筑后常需要浇水养护，以免水分过分蒸发而影响水泥的正常水化。为了提高养护效果可以使用养护剂。一些石蜡、松香和沥青等物质经过适当加工均可制成养护剂。

养护剂可喷涂在未凝固的混凝土表面，也可刷涂于已凝固的混凝土表面。在道路、机场、地坪等工程中，常用养护剂养护混凝土。

3. 减水剂质量检测

减水剂品种应通过试验室进行试配后确定，进场前要求提供商出具合格证和质保单等。减水剂产品应均匀、稳定，为此，应根据减水剂品种，定期选测下列项目：固体含量或含水量、pH 值、比重、密度、松散容重、表面张力、起泡性、氯化物含量、主要成分含量（如硫酸盐含量、还原糖含量、木质素含量等）、净浆流动度、净浆减水率、砂浆减水率、砂浆含气量等。其质量应符合现行国家标准《混凝土外加剂》（GB 8076-2008）的规定。

2.1.6　混凝土

在现代土木工程中，混凝土是使用量最大、使用范围最广的一种建筑材料。世界上每年混凝土的总产量超过 100 亿吨，可以说在世界上的每个城市都可见到混凝土的踪迹。

混凝土本身的概念就和石材有一定的关系，20 世纪人们创造出了一个新的文字"砼"，是人工石的意思，以此来作为混凝土的缩写。在混凝土中不可缺少的组成成分有石块或石粉，因此它本身就可看成一种石材。经过加工后的混凝土在硬度和色彩上与石头更加相似，但在运输和加工上比石材更容易。

混凝土是通过聚集体连接形成的工业复合材料。通常，混凝土是指用水泥做集料而用石头和沙子做骨料，广泛用于土木工程。混凝土在土木工程领域，可以说是当之无愧的"老大"，无论是在基础设施、住房方面，还是在市政、水利等方面，都可以看到混凝土与我们近在咫尺，与人类生活的环境密切相连。从混凝土最初的萌芽到今天的广泛使用，这期间经过了漫长的发展。在发展的过程中，混凝土在土木工程与建筑方面起着不可或缺的作用，这一切都表明了混凝土是人类智慧的结晶。

1. 混凝土材料的组成

混凝土是由无机胶凝材料（如石灰、石膏、水泥等）和水，或有机胶凝材料（如沥青、树脂等）的胶状物，与集料按一定比例配合、搅拌，并在一定温湿条件下养护硬化而成的一种复合材料。

传统水泥混凝土的基本组成材料是水泥、粗细骨料和水。其中，水泥浆体占 20% ~ 30%，砂石骨料占 70% 左右。水泥浆在硬化前起润滑作用，使混凝土拌和物具有可塑性，在混凝土拌和物中，水泥浆填充砂子孔隙，包裹砂粒，形成砂浆，砂浆又填充石子孔隙，包裹石子颗粒，形成混凝土浆体；在混凝土硬化后，水泥浆则起胶结和填充作用。水泥浆多，混凝土拌和物流动性大，反之干涸；混凝土中水泥浆过多则混凝土水化温升高，收缩大，抗侵蚀性不好，容易引起耐久性不良。粗细骨料主要起骨架作用，传递应力，给混凝土带来很大的技术优点，它比水泥浆具有更高的体积稳定性和更好的耐久性，可以有效减少收缩裂缝的产生和发展。

现代混凝土中除了以上组分外，还多加入化学外加剂与矿物细粉掺和料。化学外加剂的品种很多，可以改善、调节混凝土的各种性能，而矿物细粉掺和料则可以有效提高混凝土的新拌性能和耐久性，同时降低成本。

2. 混凝土的特性

（1）和易性。和易性意味着混凝土的混合比在施工过程中易于处理，质量均匀。和易性是一种综合技术性，主要包括三个方面：流动性、凝聚性和保水性。

流动性：指混凝土混合料在其自身重量或工程机械作用下，能产生流动，且分布均匀。

凝聚性：是指混凝土混合料在施工过程中具有一定的黏结力，不产生分离和离析的现象。

保水性：在施工过程中，混凝土混合物具有一定的持水能力，不会引起严重的泌水。

确定混凝土的和易性及其性能有很多方法和指标。在中国，用截头圆锥测量的坍落度

（毫米）和用振动计测量的振动时间（秒）作为一致性的主要指标。

影响和易性的主要因素有：胶凝材料浆料的体积和耗水量、砂比、组成材料性能、施工条件、环境、温度和储存时间，混凝土混合料的凝结时间。

（2）强度。硬化混凝土最重要的机械性能是混凝土的压缩、拉伸、弯曲和剪切性能。水灰比、骨料量、骨料和搅拌、成型、保养等都直接影响混凝土的强度等级，以标准抗压强度为基准（按照标准方法制作养护的边长为150mm的立方体标准试件，在28d龄期用标准试验方法测得的具有95%保证率的立方体抗压强度），标记为C10、C15、C20、C25、C30、C35、C40、C45、C50、C55、C60、C65、C70、C75、C80、C85、C90、C95、C100。混凝土的抗拉强度在抗压强度的1/10和1/20之间。提高混凝土的强度和抗压强度是混凝土改性的一个重要方面。影响混凝土强度的因素有：水灰比，水灰比越低，混凝土强度越高；骨料性能越好，效果越好。

（3）变形。混凝土因应力和温度而变形，例如弹性变形、塑性变形。混凝土在短时间内的弹性变形主要用弹性模量表示。在长期负荷下，恒定应力和变形增加的现象是蠕变。压力的持续减少是缓解。由水泥水化、渗碳体碳化和水分损失引起的体积变形称为收缩。硬化混凝土的变形主要来自两个方面：环境因素（温度、湿度变化）和外部荷载因素。

荷载作用下的变形可分为弹性变形和非弹性变形。

非荷载变形可分为收缩变形（干缩、自缩）和膨胀变形（湿胀）。

复合作用下的变形：徐变。

（4）耐久性。混凝土的耐久性包括三个方面：抗渗性、抗冻性和耐蚀性。一般来说，混凝土具有良好的耐久性。然而，在寒冷地区，尤指水位变化和冻融频繁交替的工程区，混凝土易受破坏。因此，混凝土应该有一定的抗冻要求。对于长期处于水中和湿润环境，混凝土必须具有良好的抗渗性和耐腐蚀性。

3. 轻混凝土

表观密度不大于1 950kg/m³的混凝土称为轻混凝土。轻混凝土按其所用材料及配制方法的不同可分为轻骨料混凝土、多孔混凝土和大孔混凝土三类。

（1）轻骨料混凝土

轻骨料混凝土是用轻粗骨料、轻细骨料或普通细骨料、水泥、水、外加剂和掺和料配制而成的混凝土，其表观密度不大于1 950kg/m³。常以所用轻骨料的种类命名，如浮石混凝土、粉煤灰陶粒混凝土、黏土陶粒混凝土、页岩陶粒混凝土、膨胀珍珠岩混凝土等。

轻骨料混凝土按其所用细骨料种类分为全轻混凝土和砂轻混凝土。全部粗细骨料均采用轻骨料的混凝土称为全轻混凝土；粗骨料为轻骨料，而细骨料部分或全部采用普通砂者称为砂轻混凝土。轻骨料混凝土按其用途分为保温轻骨料混凝土、结构保温轻骨料混凝土和结构轻骨料混凝土三类。

轻骨料混凝土按其表观密度在 $800\sim1\,900kg/m^3$ 范围内共分为 11 个密度等级。其强度等级与普通混凝土的强度等级相对应，按立方体抗压强度标准值划分为 CL5.0、CL7.5、CL10、CL15、CL20、CL25、CL30、CL35、CL40、CL45、CL50。

轻骨料混凝土受力后，由于轻骨料与水泥石的界面黏结十分牢固，水泥石填充于轻骨料表面孔隙中且紧密地包裹在骨料周围，使得轻骨料在混凝土中处于三向受力状态。坚固的水泥石外壳约束了骨料粒子的横向变形，故轻骨料混凝土的强度随水泥石的强度和水泥用量的增加而提高，其最高强度可以达到轻骨料本身强度的好几倍。当水泥用量和水泥石强度一定时，轻骨料混凝土的强度又随骨料本身强度的增高而提高。如果用轻砂代替普通砂，混凝土强度将显著下降。

轻骨料混凝土的拉压比与普通混凝土比较接近，轴心抗压强度与立方体抗压强度的比值比普通混凝土高。在结构设计时，应考虑轻骨料混凝土本身的匀质性较差。

轻骨料混凝土的弹性模量一般比同等级普通混凝土低 30%～50%。轻骨料混凝土弹性模量低，也并不完全是一个不利因素。如弹性模量低，极限应变较大，有利于控制结构因温差应力引起的裂缝发展，同时有利于改善建筑物的抗震性能或抵抗动荷载的作用。

与普通混凝土相比，轻骨料混凝土的收缩和徐变较大。在干燥空气中，结构轻骨料混凝土最终收缩值为 0.4～1.0mm/m，为同强度普通混凝土最终收缩值的 1～1.5 倍。轻骨料混凝土的徐变比普通混凝土大 30%～60%，热膨胀系数比普通混凝土低 20%左右。

轻骨料混凝土具有良好的保温隔热性能。当其表观密度为 $1\,000\sim1\,800kg/m^3$ 时，导热系数为 0.28～0.87W/（m·K），比热容为 0.75～0.84kJ/（kg·K）。此外，轻骨料混凝土还具有较好的抗冻性和抗渗性，其抗震、耐热、耐火等性能也比普通混凝土好。

由于轻骨料混凝土具有以上特点，因此适用于高层和多层建筑、大跨度结构、地基不良的结构、抗震结构和漂浮结构等。

轻骨料混凝土配合比设计时，除强度、和易性、经济性和耐久性外，还应考虑表观密度的要求。同时，骨料的强度和用量对轻骨料混凝土强度影响很大，故在轻骨料混凝土配合比设计中，必须考虑骨料性质这个重要影响因素。目前尚无像普通混凝土那样的强度计算公式，故轻骨料混凝土的配合比，大多参考有关经验数据和图表来确定，然后再经试配与调整，找出最优配合比。

由于轻骨料具有较大的吸水性能，加入混凝土拌和物中的水，有一部分会被轻骨料吸收，余下的部分供水泥水化以及起润滑作用。因此，将总用水量中被骨料吸走的部分称为"附加水量"，而余下的部分则称为"净用水量"。附加水量按轻骨料 1h 吸水率计算。净用水量应根据施工条件确定。

（2）多孔混凝土

多孔混凝土是指内部均匀分布着大量微小封闭的气泡而无骨料或无粗骨料的轻质混凝土。由于其孔隙率极高，达 52%～85%，故质量轻，表观密度一般为 300～1 200kg/m³，导热系数低，通常为 0.08～0.29W/（m·K），因此，多孔混凝土是一种轻质多孔材料，具有保温、隔热功能，容易切割且可钉性好。多孔混凝土可制作屋面板、内外墙板、砌块和保温制品，广泛用于工业与民用建筑和保温工程。

根据成孔方式的不同，多孔混凝土可分为加气混凝土和泡沫混凝土两大类。

第一类，加气混凝土。加气混凝土是由含钙材料（如水泥、石灰）和含硅材料（如石英砂、粉煤灰、尾矿粉、粒化高炉矿渣、页岩等）加水和适量的加气剂、稳泡剂后，经混合搅拌、浇筑、切制和压蒸（811kPa 或 1 520kPa）、养护而成的。加气剂多采用磨细铝粉。铝粉与氢氧化钙反应放出氢气而形成气泡。除铝粉外，还可采用双氧水、碳化钙等作为加气剂。

第二类，泡沫混凝土。泡沫混凝土是将泡沫剂水溶液以机械方法制备成泡沫，加至由含硅材料（砂、粉煤灰）、含钙材料（石灰、水泥）、水及附加剂所组成的料浆中，经混合搅拌、浇筑、养护而成的轻质多孔材料。常用泡沫剂有松香胶泡沫剂和水解性血泡沫剂。松香胶泡沫剂是用烧碱加水溶入松香粉生成松香皂，再加入少量骨胶或皮胶溶液熬制而成的。使用时，用温水稀释，用力搅拌即可形成稳定的泡沫。水解性血泡沫剂是用尚未凝结的动物血加苛性钠、硫酸亚铁和氯化铵等制成的。泡沫混凝土的生产成本较低，但其抗裂性较差，比加气混凝土低 50%～90%，同时料浆的稳定性不够好，初凝硬化时间较长，故其生产与应用的发展不如加气混凝土快。

（3）大孔混凝土

大孔混凝土是由单粒级粗骨料、水泥和水配制而成的一种轻混凝土，又称无砂大孔混凝土。为了提高大孔混凝土的强度，有时也加入少量细骨料（砂），称为少砂混凝土。

大孔混凝土按所用骨料分为普通大孔混凝土和轻骨料大孔混凝土两类。普通大孔混凝土用天然碎石、卵石制成，表观密度为 1 500～1 950kg/m³，抗压强度可在 3.5～20MPa 变化，主要用于承重和保温结构。轻骨料大孔混凝土用陶粒、浮石等轻骨料制成，表观密度为 800～1 500kg/m³，抗压强度可为 1.5～7.5MPa，主要用于自承重的保温结构。

大孔混凝土具有导热系数小、保温性好、吸湿性较小、透水性好等特点。因此，大孔混凝土可用于现浇墙板，用于制作小型空心砌块和各种板材，也可制成滤水管、滤水板以及透水地坪等，广泛用于市政工程。

4. 高性能混凝土

高性能混凝土（High Performance Concrete，简称 HPC）是 1990 年在美国 NIST 和 ACI 召开的一次国际会议上首先被提出来的，并立即得到各国学者和工程技术人员的积极响应。尽管目前对于高性能混凝土还没有一个统一的定义，但其基本的含义是指具有良好的工作性、早期强度高而后期强度不减小、体积稳定性好、耐久性好，在恶劣的使用环境条件下寿命长和匀质性好的混凝土。

配制高性能混凝土的主要途径是：

第一，改善原材料性能。如采用高品质水泥，选用致密坚硬、级配良好的集料，掺用高效减水剂，掺加超细活性掺和料等。

第二，优化配合比。应当注意，普通混凝土配合比设计的强度与水灰比关系式在这里不再适用，必须通过试配优化后确定。

第三，加强生产质量管理，严格控制每个生产环节。

为达到混凝土拌和物流动性要求，必须在混凝土拌和物中掺高效减水剂。常用的高效减水剂有三聚氰胺硫酸盐甲醛缩合物、萘磺酸盐甲醛缩合物和改性木质素磺酸盐等。高效减水剂的品种及掺量的选择，除与要求的减水率大小有关外，还与减水剂和胶凝材料的适应性有关。高效减水剂的选择及掺入技术是决定高性能混凝土各项性能关键之一，须经试验研究确定。

高性能混凝土中也可以掺入某些纤维材料以提高其韧性。

高性能混凝土是水泥混凝土的发展方向之一。它将广泛地被用于桥梁工程、高层建筑工业厂房结构、港口及海洋工程、水工结构等工程中。

5. 高强度混凝土

目前世界各国使用的混凝土，其平均强度和最高强度都在不断提高。西方发达国家使用的混凝土平均强度已超过 30MPa，高强混凝土所定义的强度也不断提高。在我国，高强混凝土是指强度等级在 C60 以上的混凝土。但一般来说，混凝土强度等级越高，其脆性越大，增加了混凝土结构的不安全因素。

高强混凝土可通过采用高强度水泥、优质集料、较低的水灰比、高效外加剂和矿物掺和料，以及强烈振动密实作用等方法获得。

配制高强度混凝土一般要求：水泥应采用强度不低于 42.5 的硅酸盐水泥或普通硅酸盐水泥；粗集料的最大粒径不宜大于 26.5mm；掺入高效减水剂，C70 以上的混凝土须掺入硅灰或其他掺和料；水灰比须小于 0.32，砂率应为 30%~35%。

高强混凝土的密实度很高，因而高强混凝土的抗渗性、抗冻性、抗侵蚀性等耐久性均很高，其使用寿命超过一般混凝土。高强混凝土强度高，但脆性较大，拉压比较低，在应用中应充分注意。

高强度混凝土广泛应用于高层、大跨、桥梁、重载、高耸等建筑的混凝土结构。

6. 绿色混凝土

一般来说，绿色混凝土具有比传统混凝土更高的强度和耐久性，可以实现非再生性资源的可循环使用和有害物质的最低排放，既能减少环境污染，又能与自然生态系统协调共生。

绿色混凝土是从绿色材料角度对混凝土进行开发利用，从而改善混凝土与环境的协调性。绿色材料的特点包括材料本身的先进性、生产过程的安全性、材料使用的合理性以及符合现代工程学的要求等。而混凝土在绿色化方面主要特点体现在以下几方面：大量利用工业废料，降低水泥用量；要有比传统混凝土更好的力学与耐久性能；具有与自然环境的协调性；能够为人类提供温和、舒适、安全的生存环境。

（1）绿色高性能混凝土。

高性能混凝土具有普通混凝土无法比拟的优良性能。如果将高性能混凝土与环境保护生态保护和可持续发展结合起来考虑，则称为绿色高性能混凝土。在1997年3月的全国高强与高性能混凝土会议上，吴中伟院士首次提出 GHPC 绿色高性能混凝土的概念，并指出是混凝土的发展方向，更是混凝土的未来。真正的绿色高性能混凝土、节能型混凝土所使用的水泥必须为绿色水泥，普通水泥生产过程中需要高温煅烧硅质原料和钙质原料消耗大量的能源。如果采用无熟料水泥或免烧水泥配制混凝土就能显著降低能耗，达到节能的目的，如碱矿渣水泥利用工业废渣与某些碱金属化合物发生化学反应替代水泥胶凝材料，可将硅酸盐水泥生产工艺的两磨一烧简化为一磨，是一种低能耗低成本的绿色水泥。

（2）再生骨料混凝土

世界上每年拆除的废旧混凝土工程建筑产生的废弃混凝土、混凝土预制构件厂排放的混凝土等均会产生巨量的建筑垃圾。全世界从1991年到2000年10年间废混凝土总量超过10亿t，我国每年施工建设产生的建筑垃圾达4 000万t，产生的废混凝土就有1 360万t，清运处理工作量大、环境污染严重。

为了更好地回收利用废混凝土，可将废混凝土经过特殊处理工艺制成再生骨料，用其部分或全部代替天然骨料配制成再生混凝土，利用再生骨料配制再生混凝土是发展绿色混凝土的主要措施之一，可节省建筑原材料的消耗，保护生态环境，有利于混凝土工业的可持续发展，但是再生骨料与天然骨料相比孔隙率大、吸水性强、强度低，因此再生骨料混凝土与天然骨料配制的混凝土的特性相差较大，这是应用再生骨料混凝土时需要注意的问题。

（3）生态混凝土

传统混凝土材料的密实性使各类混凝土结构缺乏透气性和透水性，调节空气温度和湿度的能力差，产生热岛现象、地温升高等使气候恶化，大量钢筋混凝土建筑物和混凝土道路使绿化面积明显减少，降雨时不透水的混凝土道路表面容易积水，雨水长期不能下渗使地下水位下降，土壤中水分不足、缺氧影响植物生长造成生态系统失调。

根据使用功能的不同，目前开发的生态混凝土的品种主要有透水性混凝土、植被混凝土和景观混凝土等。生态混凝土的开发和应用在我国还刚刚起步，随着人们对生活要求的提高和对生态环境的重视，混凝土结构的美化、绿化人造景观与自然景观的协调成为混凝土学科的又一个重要课题。生态混凝土必将成为混凝土发展的一个重要方向。

（4）机敏型混凝土

机敏型混凝土是一种具有感知和修复性能的混凝土，是智能混凝土的初级阶段，是混凝土材料发展的高级阶段。智能混凝土是在混凝土原有的组成基础上掺加复合智能型组分使混凝土材料具有一定的自感知、自适应和损伤自修复等智能特性的多功能材料。

根据这些特性可以有效地预报混凝土材料内部的损伤，满足结构自我安全检测需要，防止混凝土结构潜在的脆性破坏性能，显著提高混凝土结构的安全性和耐久性。近年来，损伤自诊断混凝土、温度自调节混凝土及仿生自愈合混凝土等一系列机敏型混凝土的相继出现，为智能混凝土的研究和发展打下了坚实的基础。

自诊断智能混凝土具有压敏性和温敏性等性能。普通的混凝土材料本身并不具有自感应功能，但在混凝土基材中掺入部分导电相组分制成的复合混凝土，可具备自感应性能；自调节机敏混凝土具有电力效应和电热效应等性能，机敏混凝土的力电效应、电力效应是基于电化学理论的可逆效应，因此将电力效应应用于混凝土结构的传感和驱动时可以在一定范围内对它们实施变形调节；自修复机敏混凝土结构在使用过程中大多数结构是带裂缝工作的，含有微裂纹的混凝土在一定的环境条件下是能够自行愈合的，但自然愈合有其自身无法克服的缺陷，受混凝土的龄期、裂纹尺寸、数量和分布以及特定的环境影响较大，而且愈合期较长，通常当较晚龄期的混凝土或当混凝土裂缝宽度超过了一定的界限，混凝土的裂缝很难愈合。如美国伊利诺伊大学教授采用在空心玻璃纤维中注入缩醛高分子溶液作为黏结剂埋入混凝土中制成具有自修复智能混凝土，当混凝土结构在使用过程中发生损伤时空心玻璃纤维中的黏结剂流出愈合损伤，恢复甚至提高混凝土材料的性能。

7. 混凝土质量检验

（1）混凝土配比要求

混凝土配合比设计应符合现行行业标准《普通混凝土配合比设计规程》（JGJ55-

2011）的相关规定和设计要求。混凝土配合比已有必要的技术说明，包括生产时的调整要求。

混凝土中氯化物和碱总含量应符合现行国家标准《混凝土结构设计规范》（GB50010-2010）的相关规定和设计要求。

混凝土中不得掺加对钢材有锈蚀作用的外加剂。

预制构件混凝土强度等级不宜低于 C30；预应力混凝土构件的混凝土强度等级不宜低于 C40，且不应低于 C30。

（2）混凝土坍落度检测

坍落度的测试方法：用一个上口 100mm、下口 200mm、高 300mm 喇叭状的坍落度桶，使用前用水湿润，分两次灌入混凝土后捣实，然后垂直拔起桶，混凝土因自重产生坍落现象，桶高（300mm）减去坍落后混凝土最高点的高度，称为坍落度。如果差值为 10mm，则坍落度为 10。

混凝土的坍落度，应根据预制构件的结构断面、钢筋含量、运输距离、浇筑方法、运输方式、振捣能力和气候等条件选定，在选定配合比时应综合考虑，并宜采用较小的坍落度。

（3）混凝土强度检验

混凝土强度检验时，每 100 盘，但不超过 100m³ 的同配比混凝土，取样不少于一次；不足 100 盘和 100m³ 的混凝土取样不少于一次；当同配比混凝土超过 100m³ 时，每 200m³ 取样不少于一次；每次取样应至少留置一组标准养护试件，同条件养护试件的留置组数应根据实际需要确定。

（4）混凝土配合比重新设计并检验

构件生产过程中出现下列情况之一时，应对混凝土配合比重新设计并检验：原材料的产地或品质发生显著变化时；停产时间超过一个月，重新生产前；合同要求时；混凝土质量出现异常时。

2.2 钢筋及钢材

2.2.1 钢筋

1. 钢筋的概念与特点

钢筋是指钢筋混凝土用和预应力钢筋混凝土用钢材，其截面为圆形，有时为带有圆角的方形，包括光圆钢筋和带肋钢筋、扭转钢筋。钢筋混凝土用钢筋是指钢筋混凝土配筋用的直条或盘条状钢材，交货状态为直条和盘圆两种。

钢筋具有较好的抗拉、抗压强度，同时，与混凝土具有很好的握裹力。因此，两者结合形成的钢筋混凝土，既充分发挥了混凝土的抗压强度，又充分发挥了钢筋的抗拉强度，是一种耐久性、防火性很好的结构受力材料。

装配式结构中，钢筋的各项力学性能指标均应符合现行国家标准《混凝土结构设计规范》的规定。其中，采用套筒灌浆连接和浆锚搭接连接的钢筋应采用热轧带肋钢筋，其屈服强度标准值不应大于 500MPa，极限强度标准值不应大于 630MPa。

预制混凝土构件用钢筋应符合现行国家标准《钢筋混凝土用钢、第 1 部分：热轧光圆钢筋》《钢筋混凝土用钢、第 2 部分：热轧带肋钢筋》《冷轧带肋钢筋》等的有关规定，并应符合以下要求：

第一，受力钢筋宜使用屈服强度标准值为 400MPa 和 500MPa 的热轧钢筋。

第二，进场钢筋应按规定进行见证取样检测，检验合格后方可使用。

第三，钢筋进场应按批次的级别、品种、直径和外形分类码放，并注明产地、规格、品种和质量检验状态等。

第四，预制混凝土构件用钢筋应具备质量证明文件，并应符合设计要求。

第五，预制混凝土构件中的钢筋焊接网应符合现行国家标准《钢筋混凝土用钢、第 3 部分：钢筋焊接网》的有关规定。

2. 钢筋的加工与制备

（1）钢筋的加工

钢筋加工制作时，要将钢筋加工表与设计图复核，检查下料表是否有错误和遗漏，对每种钢筋要按下料表检查是否达到要求，经过这两道检查后，再按下料表放出实样，试制合格后方可成批制作。

（2）成品钢筋加工的尺寸控制

制作中如需要钢筋代换时，必须充分了解设计意图和代换材料性能，严格遵守现行钢筋混凝土设计规范的各种规定，并不得以等面积的高强度钢筋代换低强度的钢筋。凡重要部位的钢筋代换，需要征得甲方、设计单位同意，并有书面通知时方可代换。钢筋加工一般要经过钢筋除锈、钢筋调直、钢筋切断、钢筋成型四道工序。钢筋表面应洁净：黏着的油污、泥土、浮锈使用前必须清理干净，可结合冷拉工艺除锈。钢筋调直，可用机械或人工调直。经调直后的钢筋不得有局部弯曲、死弯、小波浪形，其表面伤痕不应使钢筋截面减小 5%。钢筋切断应根据钢筋号、直径、长度和数量，长短搭配，先断长料后断短料，尽量减少和缩短钢筋短头，以节约钢材。

（3）钢筋的常规加工方法及注意事项

第一，钢筋的除锈。

钢筋均应清除油污和锤打能剥落的浮皮、铁锈。大量除锈，可通过钢筋冷拉或钢筋调直机调直过程完成；少量的钢筋除锈，可采用电动除锈机或喷砂方法除锈，钢筋局部除锈可采取人工用钢丝刷或砂轮等方法进行。

如除锈后钢筋表面有严重的麻坑、斑点等，已伤蚀截面时应降级使用或剔除不用，带有蜂窝状锈迹的钢筋不得使用。

第二，钢筋的调直。

对局部曲折、弯曲或成盘的钢筋应加以调直。钢筋调直普遍使用卷扬机拉直和用调直机调直。在缺乏设备时，可采用弯曲机、平直锤或人工锤击矫直粗钢筋和用绞磨拉直细钢筋。

用卷扬机拉直钢筋时，应注意控制冷拉率：HPB300、HRB335 级钢筋不宜大于 4%；HRB400、HRBF400、HRB500、HRBF500 级钢筋及不准采用冷拉钢筋的结构不宜大于 1%。用调直机调直钢筋和用锤击法平直粗钢筋时，表面伤痕不应使截面面积减少 5% 以上。调直后的钢筋应平直、无局部曲折，冷拔低碳钢筋表面不得有明显擦伤。应当注意：冷拔低碳钢丝经调直机调直后，其抗拉强度一般应降低 10%~15%，使用前应加强检查，按调直后的抗拉强度选用。

第三，钢筋的切割。

钢筋弯曲成型前，应根据配料表要求长度分别截断，通常宜用钢筋切断机进行。在缺乏设备时，可用断丝钳（剪断钢丝）、手动液压钳切断（切断不大于 16mm 钢筋），对直径 40mm 以上的钢筋可用氧乙炔焰切割。

第四，钢筋的弯曲成型。

钢筋的弯曲成型多用弯曲机进行，在缺乏设备或少量钢筋加工时，可用手工弯曲成型，系在成型台上用手摇扳子每次弯 4~8 根直径 8mm 以下钢筋。或用扳柱铁扳和扳子，可弯直径 32mm 以下钢筋，当弯直径为直径 28mm 以下钢筋时，可用两个扳柱加不同厚度钢套，钢筋扳子口直径应比钢筋直径大 2mm。曲线钢筋成型，可在原钢筋弯曲机的工作盘中央，放置一个十字架和钢套，另在工作盘四个孔内插上短轴和成型钢套与中央钢套相切，钢套尺寸根据钢筋曲线形状选用，成型时钢套起顶弯作用，十字架则协助推进。螺旋形钢筋成型，小直径可用手摇滚筒；较粗（直径 16~30mm）钢筋，可在钢筋弯曲机的工作盘上安设一个型钢制成的加工圆盘，盘外直径相当于须加工螺旋筋（或圆箍筋）的内径，插孔相当于弯曲机扳柱间距，使用时将钢筋一头固定，即可按一般钢筋弯曲加工方法弯成所需的螺旋形钢筋。

3. 钢筋的质量检测

对于钢筋的现场检验，通常要进行三方面的检验：

（1）资料方面的检验

钢筋进场应具有出厂证明书或试验报告单，每捆（盘）钢筋应具有出厂证明书或试验报告单，每捆（盘）钢筋应有标牌，同时应按有关标准和规定进行外观检查和分批进行力学性能试验。在使用钢筋时，如发现脆断、焊接性能不良或机械性能显著不正常等情况，则应进行钢筋化学成分检验。

（2）钢筋的外观检验

表面不得有裂缝、小刺、劈裂、结疤、折叠、机械损伤、氧化铁皮和油迹，钢筋表面的凸块不允许超过螺纹的高度，钢筋的外形尺寸应符合有关规范的规定。

（3）力学性能的检验

热轧钢筋的机械性能检验以 60t 为一批。在每批钢筋中任意抽出两根钢筋，在每根钢筋上各切取一套（两个）试件。取一个试件做拉力试验，测定其屈服点、抗拉强度、伸长率；另一试件做冷弯试验，检查其冷弯性能。四个指标中如有一项经试验不合格，则另取双倍数量的试件，对不合格的项目做第二次试验，如仍有一个试件不合格，则该批钢筋判为不合格品应重新分级。

钢筋原材料进场必须经监理单位或建设单位见证取样进行二次检验，必须由有资质的材料检验单位进行检验。

2.2.2　预应力钢筋

1. 精轧螺纹钢筋

精轧螺纹钢筋是用热轧方法在整根钢筋表面上轧出不带纵肋的螺纹外形。钢筋的接长用连接器，端头锚固直接用螺母。这种钢筋无须冷拉与焊接。

2. 热处理钢筋

热处理钢筋成品为直径 2m 的弹性盘卷，开盘后自行伸直，每根长度为 100～120m。主要用于铁路轨枕，也可用于先张法预应力混凝土楼板等。

热处理钢筋按其螺纹外形，分为带纵肋和无纵肋两种。热处理钢筋的外形与力学性能，应符合国标《预应力混凝土用钢棒》（GB/T 5223.3-2017）的规定。

3. 钢筋的选用

公路混凝土桥涵的钢筋应按下列规定采用：

第一，钢筋混凝土及预应力混凝土构件中的普通钢筋宜选用热轧 R235、HRB335、HRB400 及 KL400 钢筋，预应力混凝土构件中的箍筋应选用其中的带肋钢筋；按构造要求配置的钢筋网可采用冷轧带肋钢筋。

第二，预应力混凝土构件中的预应力钢筋应选用钢绞线、钢丝；中、小型构件或竖、横向预应力钢筋，也可选用精轧螺纹钢筋。

注：本条所述"钢筋"系普通钢筋和预应力钢筋的统称，"普通钢筋"系指钢筋混凝土构件中钢筋和预应力混凝土构件中的非预应力钢筋。

2.2.3　金属型材

1. 常用型钢

钢结构采用的型材有热轧成型的钢板和型钢。钢结构常用的型钢有 H 型钢、圆钢、工字钢、角钢、槽钢、Z 型钢、C 型钢等。这里介绍其中的几种。

（1）热轧 H 型钢

H 型钢是使用很广泛的热轧型钢，其截面形状经济合理，力学性能好，轧制时截面上各点延伸较均匀、内应力小。

我国生产的 H 型钢分为宽翼缘（HW）、中翼缘（HM）和窄翼缘（HN）三种类型。H 型钢的尺寸可采用高度×宽度×腹板厚度×翼缘厚度的毫米数表示。

宽翼缘 H 型钢（HW，W 是英文 Wide 的字头）是高度 H 和翼缘宽度 B 基本相等的型钢。其具有良好的受压承载力。截面规格为：$100mm \times 100mm \sim 400mm \times 400mm$。宽翼缘 H 型钢在钢结构中主要用于柱，在钢筋混凝土框架结构柱中主要用于钢芯柱，也称为劲性钢柱。

中翼缘 H 型钢（HM，M 是英文 Middle 的字头）高度和翼缘宽度比例大致为 $1.33 \sim 1.75$ 或 B =（1/2~2/3）H。截面规格为：$150mm \times 100mm \sim 600mm \times 300mm$。其主要用作钢框架柱，在承受动力荷载的框架结构中用作框架梁。

窄翼缘 H 型钢（HN，N 是英文 Narrow 的字头）翼缘宽度和高度比为（1∶3）~（1∶2），其具有良好的受弯承载力，截面高度 $100 \sim 900mm$，主要用于梁。

（2）热轧工字钢

工字钢有普通工字钢和轻型工字钢之分，常单独用作梁、柱、桁架弦杆，或用作格构柱的肢件。

（3）角钢

角钢分为等边和不等边两种，可以用来组成独立的受力杆件，或作为受力构件之间的连接零部件。

（4）槽钢

槽钢有普通槽钢和轻型槽钢两种，以腹板厚度区分它们，常用作格构式柱的肢件和檩条等。

2. 常用钢管

钢管按其截面形状不同可分圆管、方形管、六角形管和各种异型截面钢管。按加工工艺不同又可分无缝钢管和焊接钢管两大类。焊接钢管由钢带卷焊而成，依据管径大小又分为直缝管和螺旋焊两种。钢结构常用的钢管有圆管、方管、矩形管等。

3. 钢材质量检测

钢材进场前要求提供商出具合格证和质保单，按批次对其抗拉伸强度、比重、尺寸、外观等进行检验，其指标应符合现行国家标准《预应力混凝土用螺纹钢筋》（GB/T 20065 -2016）、《钢筋混凝土用钢》（GB/T 1499.3-2022）等标准的规定。

（1）抗拉强度检验

将钢材拉直除锈后按如下要求截取试样，当钢筋直径 d<25mm，试样夹具之间的最小自由长度为 350mm；25mm<d<32mm，试样夹具之间的最小自由长度为 48mm；32mm<d<50mm，试样夹具之间的最小自由长度为 500mm。

将样品用钢筋标距仪标定标距。将试样放入万能材料试验机夹具内，关闭回油阀，并夹紧夹具，开启机器。试验过程中认真观察万能材料试验机度盘，指针首次逆时针转动时的荷载值即为屈服荷载，记录该荷载。继续拉伸，直至样品断裂，指针指向的最大值即为破坏荷载，记录该荷载。

用钢尺量取的标距拉伸后的长度作为断后标距并记录。

（2）延伸率试验方法

一般延伸率求的是断后伸长率，钢筋拉伸前要先做好原始标记，如果是机器打印标记的话比较省事，拉断后按照钢筋的 5 倍直径测量，手工划印可以按照 5 倍直径的一半连续划印；到时测量三点，因为不确定钢筋断裂在什么位置，所以一般整根钢筋都要划印；测量结果精确到 0.25mm，计算结果精确到 0.5%。

2.2.4 钢筋锚固板

锚固板全称为钢筋机械锚固板，是为减少钢筋锚固长度或避免钢筋弯曲锚固而采取的一种机械锚固端部接头，主要用于梁或柱端部钢筋的锚固。其使用方法按现行行业标准《钢筋锚固板应用技术规程》（JGJ256-2011）所规定的要求。

锚固板是指设置于钢筋端部用于钢筋锚固的承压板。钢筋锚固板的锚固性能安全可靠，施工工艺简单，加工速度快，有效地减少了钢筋的锚固长度从而节约了钢材。钢筋锚固板是解决节点核心区钢筋拥堵的有效方法，具有广阔的发展前景。

按照发挥钢筋抗拉强度的机理不同，锚固板分为全锚固板和部分锚固板。全锚固板是指依靠锚固板承压面的混凝土承压作用发挥钢筋抗拉强度的锚固板；部分锚固板是指依靠埋入长度范围内钢筋与混凝土的黏结和锚固板承压面的混凝土承压作用共同发挥钢筋抗拉强度的锚固板。

锚固板应按照不同分类确定其尺寸，且应符合下列要求：

第一，全锚固板承压面积不应小于钢筋公称面积的 9 倍。

第二，部分锚固板承压面积不应小于钢筋公称面积的 4.5 倍。

第三，锚固板厚度不应小于被锚固钢筋直径的 1 倍。

第四，当采用不等厚或长方形锚固板时，除应满足上述面积和厚度要求外，尚应通过国家、省部级主管部门组织的产品鉴定。

2.3 建筑砂浆材料

2.3.1 砌筑砂浆的技术性能

将砖、石、砌块等块材经砌筑成砌体，起黏结、衬垫和传力作用的砂浆称为砌筑砂浆。它起着黏结块体材料、传递荷载的作用，是砌体的重要组成部分。

1. 新拌砂浆的和易性

新拌砂浆的和易性是指新拌砂浆是否便于施工并保证质量的性质。和易性好的砂浆，便于施工操作，灰缝填筑饱满密实，与砖石黏结牢固，可使砌体获得较高的强度和整体性。和易性不良的砂浆，施工操作困难，灰缝难以填实，水分易被砖石吸收使抹面砂浆很快变得干稠，与砖石材料也难以紧密黏结。和易性良好的抹面砂浆，容易抹成均匀平整的薄层。新拌砂浆的和易性包括流动性、保水性。

（1）流动性

砂浆的流动性又称为稠度，是指砂浆在自重或外力作用下可流动的性能。砂浆稠度一般可根据施工操作经验来把握。砂浆稠度用沉入度表示，即在规定时间内，标准圆锥体自砂浆表面贯入的深度表示。砂浆稠度值越大，表示其流动性越大。流动性过大的砂浆易分层、泌水，造成砌筑困难；流动性过小，则不便于施工操作。

砂浆的流动性受水泥品种和用量、骨料粒径和级配、用水量以及砂浆搅拌时间等因素影响。砂浆的流动性应根据砌体种类、气候条件等选用。

（2）保水性

砂浆的保水性是指砂浆保持水分不易泌出的能力。保水性不好的砂浆，在存放与运输过程中容易离析，砌筑时水分容易被砖石吸收，影响砂浆强度发展，并严重降低与砖石的黏结强度。

砂浆的保水性可根据保水率的大小或用分层度来评定。保水率通过砂浆的保水率试验测定。分层度的测定是先测出搅拌均匀的砂浆的沉入度，再将砂浆装入分层度筒，静置30min后，去掉上部（200mm 厚）砂浆，再测出筒下部 10mm 砂浆的沉入度，两次沉入度之差即为分层度。建筑砂浆的分层度一般在 10~20mm 为宜。分层度大于 30mm 的砂浆，保水性不良，塑性差，容易产生离析，不便于施工；分层度接近零的砂浆，容易产生干缩裂纹。

砂浆的保水性与胶凝材料、掺和料及外加剂的品种及用量、骨料粒径和细颗粒的含量有关。为保证砂浆的保水性能，水泥砂浆的最小水泥用量不宜小于 $200kg/m^3$，如果水泥用量太少，不能填充砂子孔隙，稠度、保水率将无法保证。水泥混合砂浆中胶结料和掺和料（石灰膏、黏土膏等）总量应在 $350kg/m^3$。

2. 砌筑砂浆的黏结力

砌筑砂浆必须具有足够的黏结力，才可使块状材料黏结为一个整体。砂浆黏结力的大小，将影响砌体的抗剪强度、耐久性、稳定性及抗震能力等，因此对砂浆的黏结力也有一定的要求。

砂浆的黏结力与砂浆强度有关。通常，砂浆的强度越高，其黏结力越大；低强度砂浆因加入的掺和料过多，其内部易收缩，使砂浆与底层材料的黏结力减弱。

砂浆的黏结力还与砂浆本身的抗拉强度、砌筑底面的潮湿程度、砖石表面的清洁程度及施工养护条件等因素有关。所以施工中应注意砌砖前浇水湿润，并保持砖表面不沾泥土，从而提高砂浆与砌筑材料之间的黏结力，保证砌体的质量。

3. 硬化砂浆的技术性质

砂浆硬化后与砖石黏结，传递和承受各种外力，使砌体具有整体性和耐久性。因此，砂浆应具有一定的抗压强度、黏结强度、耐久性以及工程所需要的其他技术性能。砂浆与砖石的黏结强度受多种因素影响，如砂浆强度、砖石表面粗糙及洁净程度、砖石润湿程度、灰缝填筑饱满程度等。耐久性主要取决于砂浆水胶比。

黏结强度、耐久性均与抗压强度有一定的关系，抗压强度高，黏结强度和耐久性也高。抗压强度试验简单准确，故工程中常以测定的抗压强度作为砂浆的主要技术指标。

（1）砂浆抗压强度与强度等级。砂浆的抗压强度是以 3 个边长为 70.7mm 的立方体试件，经标准养护［温度为（20±2）℃、相对湿度为90%以上］28 天（也可根据相关标准要求增加 7 天或 14 天）所测立方体抗压强度的算术平均值（MPa）。

（2）影响砂浆抗压强度的因素。砂浆不含粗骨料，是一种细骨料混凝土，因此有关混凝土强度的规律，原则上亦适用于砂浆。在实际工程中，多根据具体的组成材料，采用试配的办法来确定抗压强度。对于用普通水泥配置的砂浆有以下两种：

一种是砌筑致密石料的砂浆（用于不吸水底面）。砂浆抗压强度的影响因素与混凝土相似，主要取决于水泥强度和灰水比。强度公式表示如下：

$$f_{m,0} = \alpha f_{ce}(C/W - \beta) \tag{2-2}$$

式中：$f_{m,0}$——砂浆 28 天抗压强度，MPa，试件用有底试模成型；

f_{ce}——水泥 28 天实测抗压强度，MPa；

C/W——灰水比；

α，β——经验系数，可取 $\alpha = 0.29$，$\beta = 0.4$。

另一种是砌筑普通砖等多孔材料的砂浆（用于吸水底面）。当原材料及灰砂比相同时，即使砂浆拌和用水量不同，经过底面吸水后，砂浆中最终能够保存的水量也大体相同。在此情况下，砂浆强度主要取决于水泥强度和水泥用量，而砌筑前砂浆中灰水比的影响很小。砂浆强度表示如下：

$$f_{m,0} = \alpha f_{ce}\frac{Q_c}{1000} + \beta \tag{2-3}$$

式中：$f_{m,0}$——砂浆 28 天抗压强度，MPa，试件用无底试模成型；

f_{ce}——水泥 28d 实测抗压强度，MPa；

Q_c——砂浆中水泥用量，kg；

α，β——砂浆的特征系数，$\alpha = 3.03$，$\beta = -15.09$。

2.3.2　建筑砂浆材料质量检测

1. 回弹法

砂浆回弹法采用回弹仪检测烧结普通砖或烧结多孔砖砌体中砌筑砂浆的表面硬度，并应用浓度为 1%～2% 的酚酞酒精溶液测试砂浆碳化深度，将回弹值和碳化深度这两项指标换算为砂浆强度。

（1）回弹法使用范围及设备要求

现行有效的相关技术标准为《砌体工程现场检测技术标准》（GB/T 50315—2011），以下结合该标准的具体规定进行介绍。

适用范围：回弹法适用于推定烧结普通砖或烧结多孔砖砌体中砌筑砂浆的强度，不适用于推定高温、长期浸水、遭受火灾、环境侵蚀等砌筑砂浆的强度。

通过对砂浆回弹法与立方体抗压法的实验数据的比较分析认为，回弹法对测试砂浆强度小于 10.0MPa 的结果偏差较大；当砂浆强度大于 10.0MPa 时，回弹数据相对比较准确。另外，砂浆强度不应小于 2.0MPa，否则读不出数据。

在实际检测工作中，砌体结构的砂浆强度较少超过 10MPa，回弹法的实际使用范围较为有限。同时，回弹法试验数据离散性偏大，数值偏低，单独使用不适用于司法鉴定工作，需要用其他方法进行校正。

测位选择：测位是回弹检测砂浆强度中的最小测量单位，相当于其他检测方法中的测点，类似于现行行业标准《回弹法检测混凝土抗压强度技术规程》（JGJ/T23-2011）的测区。

测位宜选在承重墙的可测面上，并避开门窗洞口及预埋件等附近的墙体。墙面上每个测位的面积宜大于 0.3m^2。

仪器设备及要求：砂浆回弹法的测试设备，宜采用示值系统为指针直读式的回弹仪。与检测结构构件混凝土抗压强度所用回弹仪相似，砂浆回弹法所用回弹仪也应满足《回弹仪》（GB/T 9138-2015）等相关标准的要求，其主要区别有：①评定砂浆强度时采用 HT20 型回弹仪。回弹仪水平弹击时，弹击瞬间的标称动能应为 0.196J。②检测前后，均应在洛氏硬度 HRC>53 的钢砧上进行率定，率定值应为 74±2。

（2）回弹法测试步骤

第一，检测前，应宏观检查砌筑砂浆质量，水平灰缝内部的砂浆与其表面的砂浆强度应基本一致。

第二，测位处应按下列要求进行处理：①粉刷层、勾缝砂浆、污物等应清除干净；②

弹击点处的砂浆表面，应仔细打磨平整，并应除去浮灰。③磨掉表面砂浆的深度应为 5~10mm，且不应小于 5mm。

第三，每个测位内应均匀布置 12 个弹击点。选定弹击点应避开砖的边缘、气孔或松动的砂浆。相邻两个弹击点的间距不应小于 20mm。

第四，在每个弹击点上，弹击时应使用回弹仪连续弹击 3 次。第 1、2 次不读数，仅计读第 3 次回弹值，回弹值读数应估读至 1。测试过程中，回弹仪应始终处于水平状态，其轴线垂直于砂浆表面，且不得移位。

第五，在每一测位内，应选择 3 处灰缝，并应采用工具在测区表面打凿出直径约 10mm 的孔洞，其深度应大于砌筑砂浆的碳化深度。应清除孔洞中的粉末和碎屑，且不得用水擦洗，然后用浓度为 1%~2% 的酚酞酒精溶液滴在孔洞内壁边缘处。当已碳化与未碳化界限清晰时，应采用碳化深度测定仪或游标卡尺测量已碳化与未碳化砂浆交界面到灰缝表面的垂直距离，即砂浆碳化深度。

（3）测区砂浆抗压强度

第一，从每个测位的 12 个回弹值中，分别剔除最大值和最小值，将余下的 10 个回弹值取算数平均值，以 R 表示，并应精确至 0.1。

第二，每个测位的平均碳化深度，应取该测位各次测量值的算数平均值，以 d 表示，并应精确至 0.5mm。

第三，第 i 个测区第 j 个测位的砂浆强度换算值，应根据该测位的平均回弹值和平均碳化深度值，分别按下列公式计算：

当 d≤1.0mm 时：

$$f_{2ij} = 13.97 \times 10^{-5} R^{3.57} \tag{2-4}$$

当 1.0mm<d<3.0mm 时：

$$f_{2ij} = 4.85 \times 10^{-4} R^{3.04} \tag{2-5}$$

当 d≥3.0mm 时：

$$f_{2ij} = 6.34 \times 10^{-5} R^{3.60} \tag{2-6}$$

式中：f_{2ij}——第 i 个测区第 j 个测位的砂浆强度值，MPa；

R——第 i 个测区第 j 个测位的平均回弹值；

d——第 i 个测区第 j 个测位的平均碳化深度，mm。

第四，测区的砂浆抗压强度平均值，应按下式计算：

$$f_{2i} = \frac{1}{n_1} \sum_{j=1}^{i=1} f_{2ij} \tag{2-7}$$

2. 贯入法

贯入法检测砌体结构的砂浆抗压强度，是采用压缩工作弹簧加荷，把一测钉贯入砂浆中，根据测钉贯入深度和材料的抗压强度呈负相关这一基本原理，由测钉的贯入深度通过测强曲线来换算砂浆抗压强度的检测方法。

现行有效的相关技术标准为《贯入法检测砌筑砂浆抗压强度技术规程》（JGJ/T 136—2017）。以下结合该规程的具体规定进行介绍。

（1）适用范围

用贯入法检测的砌筑砂浆应符合下列要求：自然养护；龄期为 28 d 或 28 d 以上；自然风干状态；强度为 0.4~16.0MPa。

（2）主要仪器设备及要求

检测设备主要有贯入式砂浆强度检测仪（简称贯入仪）、贯入深度测量表。

贯入仪及贯入深度测量表必须具有制造厂家的产品合格证、中国计量器具制造许可证及法定计量部门的校准合格证，并应在贯入仪的明显位置具有下列标志：名称、型号、制造厂名、商标、出厂日期和中国计量器具制造许可证标志 CMC 等。

贯入仪应满足下列技术要求：贯入力应为 800±8 N；工作行程应为 20±0.10mm。贯入仪使用时的环境温度为 -4~40℃。

贯入深度测量表应满足下列技术要求：最大量程应为 20 ± 0.02mm；分度值应为 0.01mm。

测钉长度应为 40±0.10mm，直径应为 3.5mm，尖端锥度应为 45°。测钉量规的量规槽长度应为 39.5±0.10mm。

正常使用过程中，贯入仪、贯入深度测量表（通称为仪器）应由法定计量部门每年至少校准一次。当遇到下列情况之一时，仪器应送法定计量部门进行校准：

a. 新仪器启用前。

b. 超过校准有效期。

e. 更换主要零件或对仪器进行过调整。

d. 检测数据异常。

e. 零部件松动。

f. 遭遇撞击或其他损坏。

g. 累计贯入次数为 10 000 次。

（3）测点布置

第一，检测砌筑砂浆抗压强度时，应以面积不大于 25m² 的砌体构件或构筑物为一个构件。

第二，按批抽样检测时，应取龄期相近的同楼层、同品种、同强度等级砌筑砂浆且不大于 250m³ 砌体为一批，抽检数量不应少于砌体总构件数的 30%，且不应少于 6 个构件。基础砌体可按一个楼层计。

第三，被检测灰缝应饱满，其厚度不应小于 7mm，并应避开竖缝位置、门窗洞口、后砌洞口和预埋件的边缘。

第四，多孔砖砌体和空斗墙砌体的水平灰缝深度应大于 30mm。

第五，检测范围内的饰面层、粉刷层、勾缝砂浆、浮浆以及表面损伤层等，应清除干净；应使待测灰缝砂浆暴露并经打磨平整后再进行检测。

第六，每一构件应测试 16 点。测点应均匀分布在构件的水平灰缝上，相邻测点水平间距不宜小于 240mm，每条灰缝测点不宜多于 2 点。

（4）贯入法测试步骤

第一，每次试验前，应清除测钉上附着的水泥灰渣等杂物，同时用测钉量规检验测钉的长度；测钉能够通过测钉量规槽时，应重新选用新的测钉。

第二，贯入检测应按下列程序操作：①将测钉插入贯入杆的测钉座中，使测钉尖端朝外，固定好测钉；②用摇柄旋紧螺母，直到挂钩挂上为止，然后将螺母退至贯入杆顶端；③将贯入仪扁头对准灰缝中间，并垂直贴在被测砌体灰缝砂浆的表面。握住贯入仪把手，扳动扳机，将测钉贯入被测砂浆中。

操作过程中，当测点处的灰缝砂浆存在空洞或测孔周围砂浆不完整时，该测点应作废，另选测点补测。

第三，贯入深度的测量应按下列程序操作：

a. 将测钉拔出，用吹风器将测孔中的粉尘吹干净。

b. 将贯入深度测量表扁头对准灰缝，同时将测头插入测孔中，并保持测量表垂直于被测砌体灰缝砂浆的表面。从表盘中直接读取测量表显示值、贯入深度。直接读数不方便时，可用锁紧螺钉锁定测头，然后取下贯入深度测量表读数。

第四，当砌体的灰缝经过打磨仍难以达到平整时，可在测点处标记。贯入检测前用贯入深度测量表测读测点处的砂浆表面不平整度读数，然后再在测点处进行贯入检测。

（5）数据分析

第一，检测数值中，应将 16 个贯入深度值中的 3 个较大值和 3 个较小值剔除，余下的 10 个贯入深度值取平均值。

第二，根据计算所得的构件贯入深度平均值，可按不同的砂浆品种查得其砂浆抗压强度换算值，其他品种的砂浆可按《贯入法检测砌筑砂浆抗压强度技术规程》要求建立专用测强曲线进行检测。有专用测强曲线时，砂浆抗压强度换算值的计算应优先采用专用测强曲线。

在采用砂浆抗压强度换算表时，应首先进行检测误差验证试验。试验方法可按《贯入法检测砌筑砂浆抗压强度技术规程》的要求确定。试验数量和范围应按检测的对象确定，其检测误差应满足规定，否则应按要求建立专用测强曲线。

3. 筒压法

筒压法是将取样砂浆破碎、烘干并筛分成符合一定级配要求的颗粒，装入承压筒并施加筒压荷载后，检测其破损程度（用筒压比表示），以此来推定其抗压强度的方法。

（1）使用范围

筒压法适用于推定烧结普通砖墙中的砌筑砂浆强度；不适用于推定遭受火灾、化学侵蚀等砌筑砂浆的强度。

（2）试验设备

筒压法试验设备主要包括承压筒、压力试验机或万能试验机、摇筛机、干燥箱、标准砂石筛、水泥跳桌、托盘天平。

（3）技术指标

压力试验机或万能试验机 50~100kN。

标准砂石筛（包括筛盖和底盘）的孔径为 5mm、10mm、15mm（或边长 4.75mm、9.5mm、16mm）。托盘天平的称量为 1 000g、感量为 0.1g。

（4）取样与制备要求

筒压法所测试的砂浆品种及其强度范围，应符合下列要求：

第一，砂浆品种应包括中、细砂配制的水泥砂浆，特细砂配制的水泥砂浆，中、细砂配制的水泥石灰混合砂浆，中、细砂配制的水泥粉煤灰砂浆（以下简称粉煤灰砂浆），石灰质石粉砂与中、细砂混合配制的水泥石灰混合砂浆和水泥砂浆（以下简称石粉砂浆）。

第二，砂浆强度范围应为 2.5~20.0MPa。

（5）贯入法测试步骤

第一，在每一测区，从距墙表面 20mm 以内的水平灰缝中凿取砂浆约 4 000g，砂浆片（块）的最小厚度不得小于 5mm。各个测区的砂浆样品应分别放置并编号，不得混淆。

第二，使用手锤击碎样品，筛取 5~15mm 的砂浆颗粒约 3 000g，在（105±5）℃的温度下烘干至恒重，冷却至室温后备用。

第三，每次取烘干样品约 1 000g，置于孔径 5mm、10mm、15mm（或边长 4.75mm、9.5mm、16mm）标准筛所组成的套筛中，机械摇筛 2min 或手工摇筛 1.5min。称取粒级

5~10mm（4.75~9.5mm）和10~15mm（9.5~l6mm）的砂浆颗粒各250g，混合均匀后作为一个试样，共制备三个试样。

第四，每个试样应分两次装入承压筒。每次约装1/2，在水泥跳桌上跳振5次。第二次装料并跳振后，整平表面，安上承压盖。如无水泥跳桌，可按照砂、石紧密体积密度的试验方法颠密实。

第五，将装料的承压筒置于试验机上时，应再次检查承压筒内的砂浆试样表面是否平整，稍有不平时，应整平；盖上承压盖，开动压力试验机，并按0.5~1.0kN/s加荷速度或20~40s内均匀加荷至规定的筒压荷载值后，立即卸荷。不同品种砂浆的筒压荷载值分别为：水泥砂浆、石粉砂浆为20kN，特细砂水泥砂浆为10N，水泥石灰混合砂浆、粉煤灰砂浆为10kN。

第六，将施压后的试样倒入由孔径为5（4.75）mm和10（9.5）mm标准筛组成的套筛中，装入摇筛机摇筛2min或人工摇筛1.5min，筛至每隔5s的筛出量基本相等。

第七，称量各筛筛余试样的重量（精确至0.1g），各筛的分计筛余量和底盘剩余量的总和，与筛分前的试样重量相比，相对差值不得超过试样重量的0.5%；当超过时，应重新进行试验。

（6）数据处理

第一，标准试样的筒压比按式（2-8）计算：

$$T_{ij} = \frac{t_1 + t_2}{t_1 + t_2 + t_3} \tag{2-8}$$

式中，T_{ij}——第i个测区中第j个试样的筒压比，以小数计；

t_1、t_2、t_3——分别为孔径为5（4.75）mm、10（9.5）mm筛的分计筛余量和底盘中剩余量。

第二，测区的砂浆筒压比按式（2-9）计算：

$$T_i = \frac{1}{3}(T_{i1} + T_{i2} + T_{i3}) \tag{2-9}$$

式中，T_i——第i个测区的砂浆筒压比平均值，以小数计，精确至0.01。

T_1、T_2、T_3——分别为第i个测区3个标准砂浆试样的筒压比。

第三，根据砂浆种类，测区的砂浆强度平均值分别按式（2-10）~式（2-14）计算：

水泥砂浆：

$$f_{2i} = 34.58T_i^{2.06} \tag{2-10}$$

特细砂水泥砂浆：

$$f_{2i} = 21.36T_i^{3.07} \tag{2-11}$$

水泥石灰混合砂浆:

$$f_{2i} = 6.10T_i + 11.0T_i^2 \qquad (2\text{-}12)$$

粉煤灰砂浆:

$$f_{2i} = 2.52 - 9.40T_i + 32.80T_i^2 \qquad (2\text{-}13)$$

石粉砂浆:

$$f_{2i} = 2.70 - 13.90T_i + 44.90T_i^2 \qquad (2\text{-}14)$$

2.4　其他材料

2.4.1　坐浆材料

坐浆材料也称高强封堵料,是装配式混凝土结构连接节点封堵密封及分仓使用的水泥基材料,具有强度高、干缩小、和易性好(可塑性好,封堵后无坍落)、黏结性能好、方便使用等特点。

坐浆材料应满足以下要求:

第一,符合设计要求。

第二,性能指标满足《水泥胶砂流动度测定方法》(GB/T 2419—2005)的要求。胶砂流动度在 130~170mm 范围内;1d 抗压强度不小于 30MPa,28d 抗压强度不小于 50MPa。

第三,符合工艺要求,如强度高、干缩小、和易性好(可塑性好,封堵后无坍落)、黏结性能好等。

2.4.2　灌浆料

钢筋连接用套筒灌浆料是以水泥为基本材料,配以细骨料、混凝土外加剂和其他材料组成的干混料,加水搅拌后具有规定的流动性、早强、高强、微膨胀等性能指标。

灌浆料应满足以下要求:

第一,严格按照设计要求采购。

第二,应当采用与接头型式检验相匹配的灌浆料,建议采购与灌浆套筒厂家相匹配的灌浆料。

第三,性能应符合现行行业标准《钢筋套筒灌浆连接应用技术规程》(JGJ 355-2015)和《钢筋连接用套筒灌浆料》(JG/T408—2019)的规定。初始流动度不小于 300mm,30min 流动度不小于 260mm;1d 抗压强度不小于 35MPa,3d 抗压强度不小于 60MPa,28d

抗压强度不小于 85MPa；3h 竖向膨胀率不小于 0.02%，24h 与 3h 的竖向膨胀率差值在 0.02%～0.5% 的范围内；氯离子含量不大于 0.03%，泌水率为 0%。

第四，抗压强度值越高，对灌浆接头连接性能越有帮助；流动度越高对施工作业越方便，接头灌浆饱满度越容易得到保证。

第五，不同生产厂家的套筒灌浆料产品均应满足以上指标，但不能批外混用。

2.4.3 钢筋机械连接套筒

钢筋机械连接套筒是指在后浇混凝土施工中，竖向钢筋连接的接头方式。国内常用的钢筋机械连接套筒有螺纹连接和挤压连接两种方式，选用套筒要根据设计方的要求来选择，或者由监理和施工单位根据要求选择符合要求的钢筋连接套筒。

钢筋采用机械连接时，应符合现行行业标准《钢筋机械连接技术规程》（JGJ 107—2016）的有关规定，其主要要求如下：

第一，确定套筒连接类型（螺纹式还是挤压式）。

第二，与选用的钢筋的材质、规格、型号相匹配。例如，选用挤压式套筒连接时，适用于 16～40mm 的 Ⅱ、Ⅲ 级带肋钢筋。

第三，构造与工艺参数满足规程的要求，包括套筒的尺寸偏差、套筒材料的力学性能、套筒的承载力等。

2.4.4 螺栓与金属连接件

安装装配式混凝土构件采用的螺栓与金属连接件，对结构的安全性、耐久性有着至关重要的作用，所以它的选用、验收、保管都要严格一些。

螺栓及连接件的材质、规格及螺栓的拧紧力矩应符合设计要求及现行国家标准《钢结构工程施工质量验收规范》（GB 50205—2020）和行业标准《钢结构高强度螺栓连接技术规程》（JGJ82-2011）的有关规定。

安装装配式混凝土构件用的螺栓与金属连接件要注意以下要求：

第一，符合图样设计要求。

第二，符合现行国家或者行业标准要求。

第三，扭剪型高强度螺栓紧固预拉力要符合《钢结构工程施工质量验收规范》的要求。

第四，规格、型号，材质要符合设计要求。

第五，严格把关，选用可靠厂家的产品。

2.4.5 密封胶条与建筑密封胶

1. 密封胶条

密封胶条用于板缝节点，与建筑密封胶共同构成多重防水体系。密封胶条是环形空心橡胶条，应具有较好的弹性、可压缩性、耐候性和耐久性，一般在构件出厂的时候粘贴在构件上。

密封胶条应符合以下规定：

第一，表面要求光洁美观。

第二，具有良好的弹性和抗压缩变形。

第三，耐候、耐臭氧、耐化学作用。

第四，防火性能满足要求。

2. 建筑密封胶

建筑密封胶应符合以下规定：

第一，建筑密封胶应与混凝土具有相容性，没有相容性的密封胶粘不住，容易与混凝土脱离。国外装配式混凝土结构密封胶特别强调这一点。

第二，要满足设计要求的抗剪切和伸缩变形能力。

第三，密封胶应具有防霉、防水、防火、耐候等性能。

第四、硅酮、聚氨酯、聚硫密封胶应分别符合现行国家和行业标准《硅酮和改性硅酮建筑密封胶》（GB/T 14683–2017）、《聚氨酯建筑密封胶》（JC/T 482–2022）和《聚硫建筑密封胶》（JC/T 483–2022）的规定。

第五，密封胶性能应满足《混凝土建筑接缝用密封胶》（JC/T 881–2017）中的规定，主要内容包括：

a. 密封胶应为细腻、均匀膏状物或黏稠液体，不应有气泡、结皮或凝胶现象。

b. 密封胶的颜色应与合同约定或者样品一致，多组分密封胶各组分的颜色应有明显差异。

c. 密封胶的物理力学性能指标应符合《混凝土建筑接缝用密封胶》中的相关规定。

2.4.6 保温材料

在装配式混凝土构件接缝处或边缘部位填塞的常用保温材料有硬泡聚氨酯（PUR）和憎水的岩棉等轻质高效保温材料。为了施工过程中操作方便，常用硬泡聚氨酯（PUR）保温材料。

保温材料应符合以下规定：

第一，要符合设计要求。如果设计没有给出具体要求，施工方可以会同监理提出方案，并报设计批准。

第二，性能指标应符合行业标准《喷涂聚氨酯硬泡体保温材料》（JC/T 998-2006）的相关要求。

第三，燃烧性能要达到 B_2 级。

2.4.7　防火塞缝材料

预制混凝土外挂墙板露明的金属支撑件及墙板内侧与梁、柱和楼板间的调整间隙，应采用 A 级防火材料进行封堵，常用防火塞缝材料是岩棉。

防火塞缝材料应符合以下规定：

第一，符合设计要求。如果设计没有给出具体要求，要补充设计要求或施工方会同监理方提出方案，报设计批准。

第二，岩棉材料物理性能应符合《建筑用岩棉绝热制品》（GB/T19686—2015）中的相关规定，包括渣球含量、酸度系数、导热系数、燃烧性能、质量、吸湿率、憎水率、放射性核素等性能指标。

第 3 章　预制构件制作及检测

建筑工业化是装配式建筑产业现代化的核心，预制构件工业化生产是关键。目前，预制构件大部分属于大型构件，模具复杂、体大量重，现场技术教学难度较大。① 装配式混凝土预制构件的生产可以说是建筑的工业化，与现浇混凝土结构相比，构件生产的可控制环节增加了，通过合理的生产管理，可以显著地提高预制构件的品质。预制构件的生产是装配式建筑实施过程中考验技术创新和设备开发能力最重要的舞台。目前，装配式混凝土结构设计、施工、构件制作和检验的国家、行业技术标准已经实施，基本满足装配式建筑的实施要求，同时各地也在因地制宜地编制符合本地实际的地方标准。

3.1　预制构件生产前准备

3.1.1　预制构件制作施工图识读

1. 建筑工程施工图识读

建筑工程施工图简称"施工图"，是表示工程项目总体布局，建筑物外部形状、内部布置、结构构造、内外装修、材料做法以及设备、施工等要求的图样，具有图纸齐全、表达准确、要求具体的特点。一套完整的建筑工程施工图，一般包括图纸目录、设计总说明、建筑施工图（简称建施）、结构施工图（简称结施）、给排水、采暖通风及电气施工图等内容，也可将给排水、采暖通风和电气施工图合在一起统称设备施工图（简称设施）。

第一，建筑施工图主要表示房屋的总体布局、内外形状、大小、构造等，其形式有总平面图、平面图、立面图、剖面图、详图。

第二，结构施工图主要表示房屋的承重构件的布置、构件的形状、大小、材料、构造等。其形式有基础平面图、基础详图、结构平面图、构件详图等，此部分将在装配式建筑

---

① 刘静，阎长虹. 装配式建筑预制构件生产实训课程建设与实践探索［J］. 创新创业理论研究与实践. 2023，6（06）：100-103.

识图与构造中做详细讲述。

第三，设备施工图主要内容有给水排水、采暖通风、电气照明等各种施工图：给水排水施工图主要有用水设备、给水管和排水管的平面布置图及上下水管的透视图和施工详图等；采暖通风施工图主要有调节室内空气温度用的设备与管道平面布置图、系统图和施工详图等；电气设备施工图主要有室内电气设备、线路用的平面布置图及系统图和施工详图等。

2. 构件加工图识读

（1）构件加工深化设计图

装配式结构设计是生产前重要的准备工作之一，由于工作量大、图纸多、牵涉专业多，一般由建筑设计单位或专业的第三方单位进行预制构件深化设计，按照建筑结构特点和预制构件生产工艺的要求，将建筑物拆分为独立的构件单元，在接下来的设计过程中重点考虑构件连接构造、水电管线预埋、门窗及其他埋件的预埋、吊装及施工必需的预埋件、预留孔洞等，同时要考虑方便模具加工和构件生产效率、现场施工吊运能力限制等因素。一般每个预制构件都要通过绘制构件模板图、配筋图、预留预埋件图得到体现，个别情况需要制作三维视图。

（2）预制构件模板图

预制构件模板图是控制预制构件外轮廓形状尺寸和预制构件各组成部分形状尺寸的图纸，由构件立面图、顶视图、侧视图、底视图等组成。通过预制构件模板图，可以将预制构件外叶板的三维外轮廓尺寸以及洞口尺寸、内叶板的三维外轮廓尺寸以及洞口尺寸、保温板的三维外轮廓尺寸以及洞口尺寸等表达清楚。作为绘制预制构件配筋图、预制构件预留预埋件图的依据，同时也可以为绘制预制构件模具加工图提供依据。

（3）预制构件配筋图

在预制构件模板图的基础上，可以绘制预制构件配筋图。预制构件的配筋既要考虑构件结构整体受力分析中的受力，也要考虑预制构件在制造过程中的脱模、吊装、运输、安装临时支撑等工况的受力。在综合各种工况的前提下，计算出预制构件的配筋，最后绘制出预制构件配筋图。

（4）预制构件预留预埋图

预制构件必须按照施工图设计图纸要求进行水电、门窗的预留预埋，同时还必须考虑构件脱模、吊装、运输、安装和临时支撑等情况预留预埋件。

在预制构件模板图的基础上，水电、建筑等专业可以根据本专业的设计情况绘制预留预埋图。负责构件制造、施工、安装的人员也可以绘制构件预埋件图。综合以上情况，就可以绘制出最终的预留预埋件图。

（5）预制构件综合加工图

在绘制完成以上的预制构件模板图、配筋图、预留预埋件图后，有时为了方便使用，可以将模板图、配筋图、预留预埋件图综合绘制在同一张图纸之上。

3. 预制构件模具设计图识读

模具设计图由机械设计工程师根据拆解的构件单元设计图进行设计制作，模具多数为组合式台式钢模具，模具应具有一定的刚度和精度，既要方便组合以保证生产效率，又要便于构件成型后的拆模和构件翻身。图纸一般包括平台制作图、边模制作图、零配件图、模具组合图，复杂模具还包括总体或局部的三维图纸。

3.1.2　原材料及配件进场

原材料及配件进场时，应对其规格、型号、外观和质量证明文件进行检查，需要进行复验的应在复验结果合格后方可使用，尤其要注重预制构件的混凝土原材料质量、钢筋加工和连接的力学性能、混凝土强度、构件结构性能、装饰材料、保温材料及拉结件的质量等方面的检查和检验。

材料进场后，应按种类、规格、批次分开储存与堆放，并应标识明晰。储存与堆放条件不应影响材料品质。

3.1.3　设备调试检查

预制构件生产前，应对各种生产机械、设备进行安装调试、工况检验和安全检查，确认其符合相关要求。

3.1.4　模具组装

预制构件模具除应具应满足承载力、刚度和整体稳定性要求外，还应符合下列规定。应满足构件质量、生产工艺、模具组装拆卸、周转次数等要求。应满足预制构件预留孔洞、插筋、预埋件的安装定位要求。预应力构件的模具应根据设计要求进行预设反拱。

所有模具必须清除干净，不得存有铁锈、油污及混凝土残渣，根据生产计划合理选取模具，保证充分利用模台，对于存在变形超过规定要求的模具一律不得使用，首次使用及大修后的模板应当全数检查，使用中的模板应当定期检查，并做好检查记录，预制构件的模板尺寸的允许偏差和检验方法应符合规定，有设计要求时应按设计要求确定。

边模组装前应当贴双面胶或者组装后打密封胶，防止浇筑振捣过程漏浆，侧模与底模、顶模组装后必须在同一平面内，严禁出现错台，组装后校对尺寸，特别注意对角尺寸，然后使用磁力盒进行加固，使用磁力盒固定模具时，一定要将磁力盒底部杂物清除干净，且必须将螺丝有效地压到模具上，模具组装时允许误差、模具预留孔洞中心位置的允许偏差应符合规定。

3.1.5　安全施工交底

1. 预制厂一般安全要求

第一，新入场的工人必须经过三级安全教育，考核合格后，才能上岗作业；特种作业和特种设备作业人员必须经过专门的培训，考核合格并取得操作证后才能上岗。

第二，须接受安全技术交底，并清楚其内容，施工中严格按照安全技术交底作业。

第三，按要求使用劳保用品；进入施工现场，必须戴好安全帽、扣好帽带。

第四，施工现场禁止穿拖鞋、高跟鞋和易滑、带钉的鞋，杜绝赤脚、赤膊作业。

第五，不准疲劳作业、带病作业和酒后作业。

第六，工作时要思想集中，坚守岗位，遵守劳动纪律，不准在现场随意乱窜。

第七，不准破坏现场的供电设施和消防设施，不准私拉乱接电线和私自动用明火。

第八，预制厂内应保持场地整洁、道路通畅，材料区、加工区、成品区布局合理，机具、材料、成品分类分区摆放整齐。

第九，进入施工现场必须遵守施工现场安全管理制度，严禁违章指挥、违章作业；做到三不伤害：不伤害自己，不伤害他人，不被他人伤害。

2. 构件加工注意事项

（1）钢筋加工

第一，钢筋加工场地面平整，道路通畅，机具设备和电源布置合理。

第二，采用机械进行除锈、调直、断料和弯曲等加工时，机械传动装置要设防护罩，并由专人使用和保管。

第三，钢筋加工时按照钢筋加工机械安全操作规程作业。

第四，钢筋焊接人员须佩戴防护罩、鞋盖、手套和工作帽，防止眼伤和皮肤灼伤。电焊机的电源部分要有保护装置，避免操作不慎使钢筋和电源接触，发生触电事故。

第五，钢筋调直机要固定，手与飞轮要保持安全距离；调至钢筋末端时，要防止甩动和弹起伤人。

第六，钢筋切断机操作时，不准将两手分在刀片两侧俯身送料。不准切断直径超过机械规定的钢筋。

第七，钢筋弯曲机弯制钢筋时，工作台要安装牢固；被弯曲钢筋的直径不准超过弯曲机规定的允许值。弯曲钢筋的旋转半径内和机身没有设置固定锁子的一侧，严禁站人。

第八，电机等设备要妥善进行保护接地或接零。各类钢筋加工机械使用前要严格检查，其电源线不要有损破、老化等现象，其自身附带的开关必须安装牢固，动作灵敏可靠。

第九，搬运钢筋要注意附近有无人员、障碍物、架空电线和其他电器设备，防止碰人撞物或发生触电事故。

（2）混凝土施工

第一，施工人员要严格遵守操作规程，混凝土布料机和振动台设备使用前要严格检查，其电源线不要有损破、老化等现象，其自身附带的开关必须安装牢固，动作灵敏可靠。电源插头、插座要完好无损。

第二，工人必须懂得布料机和振动台的安全知识和使用方法，保养、作业后及时清洁设备。

第三，浇筑混凝土过程中，密切关注模板变化，出现异常停止浇筑并及时处理。

3. 构件的厂内存放及运输要求

第一，构件在移运过程中，应有工班长和安全员现场指挥。

第二，装运构件时，要仔细检查吊车伸入位置、深度，做到安全、平稳。在移运多块构件时，块与块之间安放大小一致的混凝土垫块，保证平稳。

第三，构件在拆模后，要用吊车移运至养护区，养护完成后再集中移运至存放区。构件码放场地平整，码放高度符合要求。

4. 施工用电、消防安全要求

第一，配电箱、开关箱必须有门、有锁、有防雨措施。配电箱内多路配电要有标记，必须坚持一机一闸用电，并采用两级漏电保护装置；配电箱、开关箱必须安装牢固，电动工具齐全完好，注意防潮。

第二，电动工具使用前要严格检查，其电源线不要有损破、老化等现象，其自身附带的开关必须安装牢固，动作灵敏可靠。电源插头、插座要符合相应的国家标准。

第三，电动工具所带的软电缆或软线不允许随意拆除或接长；插头不能任意拆除、更换。当不能满足作业距离要采用移动式电箱解决，避免接长电缆带来的事故隐患。

第四，现场照明电线绝缘良好，不准随意拖拉。照明灯具的金属外壳必须接零，室外照明灯具距地面不低于3m。夜间施工灯光要充足，不准把灯具挂在竖起的钢筋上或其他金属构件上，确保符合安全用电要求。

第五，易燃场所要设警示牌，严禁将火种带入易燃区。消防器材要设置在明显和便于取用的地点，周围不准堆放物品和杂物。消防设施、器材，应当由专人管理，负责检查、维修、保养、更换和添置，保证完好有效，严禁圈占、埋压和挪用。

第六，施工现场的焊割作业，必须符合防火要求。发现燃烧起火时，要注意判明起火的部位和燃烧的物质，保持镇定，迅速扑救，同时向领导报告和向消防队报警。

第七，扑救时要根据不同的起火物质，采用正确有效的灭火方法，如断开电源、撤离周围易燃易爆物质和贵重物品，根据现场情况，机动、灵活、正确地选择灭火用具等。

3.2　预制构件制作工艺流程

预制构件制作前应进行深化设计，深化设计应包括：预制构件模板图、配筋图、预埋吊件及预埋件的细部构造图等；带饰面砖或饰面板构件的排砖图或排板图；复合保温墙板的连接件布置图及保温板排板图；构件加工图；预制构件脱模、翻转过程中混凝土强度、构件承载力、构件变形以及吊具、预埋吊件的承载力验算等。

设计变更须经原施工图设计单位审核批准后才能实施。构件制作方案应根据各种预制构件的制作特点进行编制。上道工序质量检测和检查结果不合格时，不得进行下道工序的生产。构件生产过程中应对原材料、半成品和成品等进行标识，并应对不合格品的标识、记录、评价、隔离和处置进行规范。

3.2.1　固定台模生产线预制构件制作流程

以下将以预制夹心保温墙体为例讲解固定台模生产线进行预制构件制作流程、夹心保温墙体制作流程。

1. 模具拼装

模具除应满足强度、刚度和整体稳固性要求外，尚应满足预制构件预留孔、插筋、预埋吊件及其他预埋件的安装定位要求。

模具应安装牢固、尺寸准确、拼缝严密、不漏浆。模板组装就位时，首先要保证底模表面平整度，以保证构件表面平整度符合规定要求。模板与模板之间、帮板与底模之间的连接螺栓必须齐全、拧紧，模板组装时应注意将销钉敲紧，控制侧模定位精度。模板接缝处用原子灰嵌塞抹平后再用细砂纸打磨。精度必须符合设计要求，设计无要求时应符合规定，并应经验收合格后再投入使用。

模具组装前应将钢模和预埋件定位架等部位彻底清理干净，严禁使用锤子敲打。模具与混凝土接触的表面除饰面材料铺贴范围外，应均匀涂刷脱模剂。脱模剂可采用柴机油混合型，为避免污染墙面砖，模板表面刷一遍脱模剂后再用棉纱均匀擦拭两遍，形成均匀的薄层油膜，见亮不见油，注意尽量避开放置橡胶垫块处，该部位可先用胶带纸遮住。在选择脱模剂时尽量选择隔离效果较好，能确保构件在脱模起吊时不发生黏结损坏现象，能保持板面整洁，易于清理，不影响墙面粉刷质量的脱模剂。

2. 饰面材料铺贴与涂装

面砖在入模铺设前，应先将单块面砖根据构件排砖图的要求分块制成面砖套件。套件的尺寸应根据构件饰面砖的大小、图案、颜色取一个或若干个单元组成，每块套件的长度不宜大于 600mm，宽度不宜大于 300mm。

面砖套件应在定形的套件模具中制作。面砖套件的图案、排列、色泽和尺寸应符合设计要求。面砖铺贴时先在底模上弹出面砖缝中线，然后铺设面砖，为保证接缝间隙满足设计要求，根据面砖深化图进行排版。面砖定位后，在砖缝内采用胶条粘贴，保证砖缝满足排版图及设计要求面砖套件的薄膜粘贴不得有折皱，不应伸出面砖，端头应平齐。嵌缝条和薄膜粘贴后应采用专用工具沿接缝将嵌缝条压实。

石材在入模铺设前，应核对石材尺寸，并提前 24h 在石材背面安装锚固拉钩和涂刷防泛碱处理剂。面砖套件、石材铺贴前应清理模具，并在模具上设置安装控制线，按控制线固定和校正铺贴位置，可采用双面胶带或硅胶按预制加工图分类编号铺贴。

石材和面砖等饰面材料与混凝土的连接应牢固。石材等饰面材料与混凝土之间连接件的结构、数量、位置和防腐处理应符合设计要求。满粘法施工的石材和面砖等饰面材料与混凝土之间应无空鼓。

石材和面砖等饰面材料铺设后表面应平整，接缝应顺直，接缝的宽度和深度应符合设计要求。面砖、石材需要更换时，应采用专用修补材料，对嵌缝进行修整，使墙板嵌缝的外观质量一致。

外墙板面砖、石材粘贴的允许偏差应符合规定。

涂料饰面的构件表面应平整、光滑，棱角、线槽应符合设计要求，大于 1mm 的气孔应进行填充修补。

3. 保温材料铺设

带保温材料的预制构件宜采用平模工艺成型，生产时应先浇筑外叶混凝土层，再安装保温材料和连接件，最后成型内叶混凝土层。外叶混凝土层可采用平板振动器适当振捣。

铺放加气混凝土保温块时，表面要平整，缝隙要均匀，严禁用碎块填塞。在常温下铺放时，铺前要浇水润湿，低温时铺后要喷水，冬季可干铺。泡沫聚苯乙烯保温条，事先按设计尺寸裁剪。排放板缝部位的泡沫聚苯乙烯保温条时，入模固定位置要准确，拼缝要严密，操作要有专人负责。

当采用立模工艺生产时应同步浇筑内外叶混凝土层，生产时应采取可靠措施保证内外叶混凝土厚度、保温材料及连接件的位置准确。

4. 预埋件及预埋孔设置

预埋钢结构件、连接用钢材、连接用机械式接头部件和预留孔洞模具的数量、规格、位置、安装方式等应符合设计规定，固定措施可靠。预埋件应固定在模板或支架上；预留孔洞应采用孔洞模具的方式并加以固定。预埋螺栓和铁件应采取固定措施保证其不偏移，对于套筒埋件应注意其定位。

预埋件、预留孔和预留洞的安装位置的偏差应符合规定。

5. 门窗框设置

门窗框在构件制作、驳运、堆放、安装过程中，应进行包裹或遮挡。预制构件的门窗框应在浇筑混凝土前预先放置于模具中，位置应符合设计要求，并应在模具上设置限位框或限位件进行可靠固定。门窗框的品种、规格、尺寸、相关物理性能和开启方向、型材壁厚和连接方式等应符合设计要求。门窗框安装位置应逐件检验，允许偏差应符合规定。

6. 混凝土浇筑

在混凝土浇筑成型前应进行预制构件的隐蔽工程验收，符合有关标准规定和设计文件要求后方可浇筑混凝土。检查项目应包括下列内容：

模具各部位尺寸、定位可靠、拼缝等；饰面材料铺设品种、质量；纵向受力钢筋的品种、规格、数量、位置等；钢筋的连接方式、接头位置、接头数量、接头面积百分率等；箍筋、横向钢筋的品种、规格、数量、间距等；预埋件及门窗框的规格、数量、位置等；灌浆套筒、吊具、插筋及预留孔洞的规格、数量、位置等；钢筋的混凝土保护层厚度。

混凝土放料高度应小于 500mm，并应均匀铺设。混凝土成型宜采用插入式振动棒振捣，逐排振捣密实，振动器不应碰触钢筋骨架、面砖和预埋件。

混凝土浇筑应连续进行，同时应观察模具、门窗框、预埋件等的变形和移位，变形与移位超出规定的允许偏差时应及时采取补强和纠正措施。面层混凝土采用平板振动器振捣，振捣后，随即用 1：3 水泥砂浆找平，并用木尺杆刮平，待表面收水后再用木抹抹平压实。

配件、埋件、门框和窗框处混凝土应浇捣密实，其外露部分应有防污损措施。混凝土表面应及时用泥板抹平提浆，宜对混凝土表面进行二次抹面。预制构件与后浇混凝土的结合面或叠合面应按设计要求制成粗糙面，粗糙面可采用拉毛或凿毛处理方法，也可采用化学和其他物理处理方法。预制构件混凝土浇筑完毕后应及时养护。

7. 构件养护

预制构件的成型和养护宜在车间内进行，成型后蒸养可在生产模位上或养护窑内进行。预制构件采用自然养护时，应符合现行国家标准《混凝土结构工程施工规范》（GB50666-2011）、《混凝土结构工程施工质量验收规范》（GB50204-2015）的规定。

预制构件采用蒸汽养护时，宜采用自动蒸汽养护装置，并保证蒸汽管道通畅，养护区应无积水。蒸汽养护制度应分静停、升温、恒温和降温四个阶段，并应符合下列规定：混凝土全部浇捣完毕后静停时间不宜少于 2h，升温速度不得大于 15℃/h，恒温时最高温度不宜超过 55℃，恒温时间不宜少于 3h，降温速度不宜大于 10℃/h。

8. 构件脱模

预制构件停止蒸汽养护后，预制构件表面与环境温度的温差不宜大于 20℃。应根据模具结构的特点按照拆模顺序拆除模具，严禁使用振动模具方式拆模。

预制构件脱模起吊，应符合下列规定：预制构件的起吊应在构件与模具间的连接部分完全拆除后进行。预制构件脱模时，同条件混凝土立方体抗压强度应根据设计要求或生产条件确定，且不应小于 15N/mm²，预应力混凝土构件脱模时，同条件混凝土立方体抗压强度不宜小于混凝土强度等级设计值的 75%，预制构件吊点设置应满足平稳起吊的要求，宜设置 4~6 个吊点。

预制构件脱模后应对预制构件进行整修，并应符合下列规定：在构件生产区域旁应设置专门的混凝土构件整修区域，对刚脱模的构件进行清理、质量检查和修补；对于各种类型的混凝土外观缺陷，构件生产单位应制订相应的修补方案，并配有相应的修补材料和工具；预制构件应在修补合格后再驳运至合格品堆放场地。

9. 构件标识

构件应在脱模起吊至整修堆场或平台时进行标识，标识的内容应包括工程名称、产品名称、型号、编号、生产日期，构件待检查、修补合格后再标注合格章及工厂名。

标识可标注于工厂和施工现场堆放、安装时容易辨识的位置，可由构件生产厂和施工单位协商确定。标识的颜色和文字大小、顺序统一，宜采用喷涂或印章方式制作标识。

3.2.2　自动化流水线预制构件制作流程

叠合楼板、叠合墙板等板式构件一般采用平整度很好的大平台钢模自动化流水作业的方式来生产，如同其他工业产品流水线一样工人固定岗位固定工序，流水线式的生产构件，人员数量需求少，主要靠机械设备的使用，效率大大提高。其主要流水作业环节为：①自动清扫机清扫钢模台；②电脑自动控制的放线；③钢平台的上放置侧模及相关预埋件，如线盒、套管等；④脱模剂喷洒机喷洒脱模剂；⑤钢筋自动调直切割，格构钢筋切割；⑥工人操作放置钢筋及格构钢筋，绑扎；⑦混凝土分配机浇筑，平台振捣（若为叠合墙板，此处多一道翻转工艺）；⑧立体式养护室养护；⑨成品吊装堆垛。

本书主要以双面叠合墙板为例讲解自动化流水线进行预制构件制作流程。双面叠合墙板制作工艺流程如下所述。

用过的钢模板通过清洁机器，板面上留下的残留物被处理干净，同时由专人检查板面清洁。

全自动绘图仪收到主控电脑的数据后在清洁的钢模板上自动绘出预制件的轮廓及预埋件的位置。

支完模板的钢模板将运行到下一个工位，刷油机在钢模板上均匀地喷洒一层脱模剂。

在喷有脱模剂的钢模板上，按照生产详图放置带有塑料垫块支撑钢筋及所涉及的预埋件，机械手开始支模。

钢筋切割机根据计算机生产数据切割钢筋并按照设计的间距在钢模板上准确的位置摆放纵向受力钢筋、横向受力钢筋及钢筋桁架。

工人按照生产量清单输入搅拌混凝土的用量指令，混凝土搅拌设备从料场自动以传送带按混凝土等级要求和配比提取定量的水泥、砂、石子及外加剂进行搅拌，并用斗车将搅拌好的混凝土输送到钢模上方的浇筑分配机。

浇筑斗由人工控制按照用量进行浇筑。浇筑完毕后，启动钢模板下振动器进行振动密实。

振动密实的混凝土连同钢模板送入养护室，蒸汽养护 8h，可达到构件设计强度的75%。养护完毕的成品预制件被送至厂区堆场，自然养护一天后即可直接送到工地进行吊装。

3.3　预制构件运输与存放

在前期准备工作完成后，就需要展开预制构件的运输和放置，并且在预制构件运输的时候，需要制订严格的运输线路方案，根据预制件的特点进行存放。在构件运输与放置的时候，需要做好支垫、运输固定和成品保护等方面工作，这主要是避免预制构件的质量受到影响。另外，在放置的时候，应当按预制构件的规格、品种以及构件的受力状态等方面分别存储，以此保证预制构件存放的合理性，确保其构件性能。

3.3.1 运输与存放相关规定

第一，预制构件的运输车辆应满足构件尺寸和载重要求；装卸构件时应考虑车体平衡；运输时应采取绑扎或专用固定措施，以防止构件移动、倾倒、变形和破损；运输细长构件时应根据需要设置临时加固支架；对构件边角部或链索接触处的混凝土，宜采用垫衬加以保护。

第二，预制构件宜按结构构件受力状态和形状选择不同的放置方式运输，必要时应对构件支点进行受力验算，并正确选择支垫位置。

第三，运输车辆进入施工现场的道路，应满足预制构件运输车辆的承载力要求。

第四，堆垛应设置在吊装机械覆盖范围内，以避免起吊盲点及二次转运。堆放、吊装工作范围内，不得有障碍物，且不受其他施工作业的影响。

第五，堆放场地应平整、坚实，并应有良好的排水措施。堆放构件时应用木方或垫块垫实，不宜直接堆放于地面上。

第六，预制构件存放时应满足下列规定：

①预埋吊件向上，标识向外。

②预制墙板可采用插放或靠放进行存放，插放架、靠放架应有足够的强度、刚度和稳定性，并支垫稳固。对采用靠放架立放的构件，宜对称靠放且外饰面朝外，其与地面的倾斜角度宜大于80°，构件上部采取隔离措施。

③叠合板、柱、梁等构件可采用叠放的方式，重叠堆放的构件应采用垫木隔开，上、下垫木应在同一垂线上，其堆放高度应遵守以下规定：柱不宜超过2层，梁不宜超过3层，板类构件一般不宜大于5层，各堆垛间按规范留设通道。

④大跨度、超重等特殊预制构件或预制构件堆放超过规定层数时，应对构件自身、构件垫块、地基承载力及堆垛稳定性进行验算。

第七，预应力构件的堆放应考虑反拱的影响。

3.3.2 预制构件的运输准备

预制混凝土构件如果在存储、运输、吊装等环节发生损坏将会很难补修，既耽误工期又造成经济损失。因此，大型预制混凝土构件的存储工具与物流组织非常重要。构件运输的准备工作主要包括制订运输方案、设计并制作运输架、验算构件强度、清查构件及察看运输路线。

1. 制订运输方案

此环节需要根据运输构件实际情况、装卸车现场及运输道路的情况、施工单位或当地的起重机械和运输车辆的供应条件以及经济效益等因素综合考虑，最终选定运输方法、起重机械（装卸构件用）、运输车辆和运输路线。运输线路应按照客户指定的地点及货物的规格和重量制定，确保运输条件与实际情况相符。

2. 设计并制作运输架

根据构件的重量和外形尺寸进行设计制作，且尽量考虑运输架的通用性。

3. 验算构件强度

对钢筋混凝土屋架和钢筋混凝土柱子等构件，根据运输方案所确定的条件，验算构件在最不利截面处的抗裂度，避免在运输中出现裂缝。如有出现裂缝的可能，应进行加固处理。预制构件的运输要待混凝土强度达到100%方可起吊，预应力构件当无设计要求时，出厂时的混凝土强度不应低于混凝土立方体抗压强度设计值的75%。

4. 清查构件

清查构件的型号、质量和数量，有无加盖合格印和出厂合格证书等。

5. 察看运输路线

在运输前再次对路线进行勘察，对于沿途可能经过的桥梁、桥洞、电缆、车道的承载能力，通行高度、宽度、弯度和坡度，沿途上空有无障碍物等实地考察并记载，制定出最佳顺畅的路线，需要实地现场的考察，如果凭经验和询问很有可能发生许多意料之外的事情，有时甚至需要交通部门的配合等，因此这点不容忽视。在制订方案时，每处需要注意的地方需要注明。如不能满足车辆顺利通行，应及时采取措施。此外，应注意沿途是否横穿铁道，如有应查清火车通过道口的时间，以免发生交通事故。[①]

---

①常春光，常仕琦.装配式建筑预制构件的运输与吊装过程安全管理研究［J］.沈阳建筑大学学报（社会科学版），2019，21（02）：141-147.

3.3.3　主要运输方式

在低盘平板车上按照专用运输架，墙板对称靠放或者插放在运输架上。

对于内、外墙板和 PCF 板等竖向构件多采用立式运输方案，竖向或页数形状的墙板宜采用插放架，运输竖向薄壁构件、复合保温构件时应根据需要设置支架。对构件边角部或与紧固装置接触处的混凝土宜采用衬垫加以保护，运输时应采取绑扎固定措施。靠放运输墙板构件时，靠架应具有足够的承载力和刚度，与地面倾角宜大于 80°；墙板宜对称靠放且外饰面朝外，构件上部宜采用木垫块隔离。当采用插放架治理运输墙板构件时，宜采取直立运输方式，插件应具有足够的承载力和刚度，并应支垫稳固。当采取叠层平放的方式运输构件时，应采取防止构件产生裂缝的措施。

平层叠放运输方式：将预制构件平放在运输车上，一件件往上叠放在一起进行运输。叠合板、阳台板、楼梯、装饰板等水平构件多采用平层叠放运输方式。叠合楼板：标准 6 层/叠，不影响质量安全可到 8 层，堆码时按产品的尺寸大小堆叠；预应力板：堆码 8~10 层/叠；叠合梁：2~3 层/叠（最上层的高度不能超过挡边一层），考虑是否有加强筋向梁下端弯曲。

除此之外，对于一些小型构件和异型构件，多采用散装方式进行运输。

构件运输宜选用低平板车；成品运输时不能急刹车，运输轨道应在水平方向无障碍物，运输车速平稳缓慢，不能使成品处于颠簸状态，一旦损坏必须返修。运输车速一般不应超过 60km/h，转弯时应低于 40km/h。大型预制构件平板拖车运输，时速宜控制在 5km/h 以内。

简支梁的运输，除在横向加斜撑防倾覆外，平板车上的搁置点必须设有转盘；运输超高、超宽、超长构件时，必须向有关部门申报，经批准后，在指定路线上行驶。牵引车上应悬挂安全标志。超高的部件应有专人照看，并配备适当工具，保证在有障碍物情况下安全通过；平板拖车运输构件时，除一名驾驶员主驾外，还应指派一名助手，协助瞭望，及时反映安全情况和处理安全事宜。平板拖车上不得坐人；重车下坡应缓慢行驶，并应避免紧急刹车。

驶至转弯或险要地段时，应降低车速，同时注意两侧行人和障碍物；在雨、雪、雾天通过陡坡时，必须提前采取有效措施；装卸车应选择平坦、坚实的路面为装卸地点。装卸车时，机车、平板车均应刹闸。

3.3.4　控制合理运输半径

合理运距的测算主要是以运输费用占构件销售单价比例为考核参数。通过运输成本和预制构件合理销售价格分析，可以较准确地测算出运输成本占比与运输距离的关系，根据国内平均或者世界上发达国家占比情况反推合理运距。

在预制构件合理运输距离分析表中，运费参考了北京燕通和北京榆构的近几年的实际运费水平。预制构件每立方米综合单价平均 3 000 元计算（水平构件较为便宜，约为 2 400 ~ 2 700 元；外墙、阳台板等复杂构件约为 3 000 ~ 3 400 元）。以运费占销售额 8% 估计的合理运输距离约为 120km。

合理运输半径测算：从预制构件生产企业布局的角度，合理运输距离与运输路线相关，而运输路线往往不是直线，运输距离还不能直观地反映布局情况，故提出了合理运输半径的概念。从预制构件厂到预制构件使用工地的距离并不是直线距离，况且运输构件的车辆为大型运输车辆，因交通限行超宽超高等原因经常需要绕行，所以实际运输线路更长。

根据预制构件运输经验，实际运输距离平均值比直线距离长 20% 左右，因此将构件合理运输半径确定为合理运输距离的 80% 较为合理。因此，以运费占销售额 8% 估算合理运输半径约为 100km。合理运输半径为 100km 意味着，以项目建设地点为中心，以 100km 为半径的区域内的生产企业，其运输距离基本可以控制在 120km 以内，从经济性和节能环保的角度，处于合理范围。

总的来说，如今国内的预制构件运输与物流的实际情况还有很多需要提升的地方。目前，虽然有个别企业在积极研发预制构件的运输设备，但总体来看还处于发展初期，标准化程度低，存储和运输方式是较为落后。同时受道路、运输政策及市场环境的现在和影响，运输效率不高，构件专用运输车还比较缺乏且价格较高。

3.3.5　装配式混凝土结构构件存放方案

预制混凝土构件如果在存储环节发生损坏、变形将会很难补修，既耽误工期又造成经济损失。因此，大型预制混凝土构件的存储方式非常重要。物料储存要分门别类，按"先进先出"原则堆放物料，原材料须填写"物料卡"标识，并有相应台账、卡账以供查询。对因有批次规定特殊原因而不能混放的同一物料应分开摆放。物料储存要尽量做到"上小下大，上轻下重，不超安全高度"。物料不得直接置于地上，必要时加垫板、工字钢、木方或置于容器内，予以保护存放。物料要放置在指定区域，以免影响物料的收发管理。不良品与良品必须分仓或分区储存、管理，并做好相应标识。储存场地须适当保持通风、通气，以保证物料品质不发生变异。

构件的存储方案主要包括确定预制构件的存储方式、设定制作存储货架、计算构件的存储场地和相应辅助物料需求。

（1）确定预制构件的存储方式

根据预制构件的外形尺寸（叠合板、墙板、楼梯、梁、柱、飘窗、阳台等）可以把预制构件的存储方式分成叠合板、墙板专用存放架存放，楼梯、梁、柱、飘窗、阳台叠放几种储放。

（2）设定制作存储货架

根据预制构件的重量和外形尺寸进行设计制作，且尽量考虑运输架的通用性。

（3）计算构件的存储场地

根据项目包含构件的大小、方量、存储方式、调板、装车便捷及场地的扩容性情况，划定构件存储场地和计算出存储场地面积需求。

（4）计算相应辅助物料需求

根据构件的大小、方量、存储方式计算出相应辅助物料需求（存放架、木方、槽钢等）数量。

3.3.6　预制构件存放要求及主要储放方式

存放场地应平整坚实，并具有排水措施，堆放构件时应使构件与地面之间留有一定空隙。根据构件的刚度及受力情况，确定构件平放或立放，板类构件一般宜采用叠合平放，对宽度等于及小于 500mm 的板，宜采用通长垫木；大于 500mm 的板，可采用不通长的垫木。垫木应上下对齐，在一条垂直线上；大型桩类构件宜平放。薄腹梁、屋架、桁架等宜立放。构件的断面高宽比大于 2.5 下部应加支撑或有坚固的堆放架，上部应拉牢固定，以免倾倒。墙板类构件宜立放，立放又可分为插放和靠放两种方式。插放时场地必须清理干净，插放架必须牢固，挂钩工应扶稳构件，垂直落地，靠放时应有牢固的靠放架，必须对称靠放和吊运，其倾斜角度应保持大于 80°，板的上部应用垫块隔开。

PC 构件（Precast Concrete，混凝土预制件）到场后直接在车上用塔吊吊装到构件安装部位直接安装（不下车）。为避免出现材料供应不及时现象，现场设置构件堆放场地，应按规格、品种、楼幢号分别设置堆场，现场堆场应设置在塔吊工作范围内并平整、结实。

构件直接堆放必须在构件下垫枕木，场地上的构件应做防倾覆措施。

1. 叠合楼板的放置

叠合板存储应放在指定的存放区域，存放区域地面应保证水平。叠合板须分型号码放、水平放置。第一层叠合楼板应放置在 H 型钢（型钢长度根据通用性一般为 3 000mm）上，保证桁架与型钢垂直，型钢距构件边 500~800mm。层间用 4 块 100mm×100mm×250mm 的木方隔开，四角的 4 个木方位平行于型钢放置，存放层数不超过 8 层，高度不超过 1.5 m。

2. 墙板立方专用存放架存储

墙板采用立方专用存放架存储，墙板宽度小于 4m 时墙板下部垫 2 块 100mm×100mm× 250mm 木方，两端距墙边 30mm 处各一块木方。墙板宽度大于 4m 或带门口洞时墙板下部垫 3 块 100mm×100mm×250mm 木方，两端距墙边 300mm 处各一块木方，墙体重心位置处一块。

3. 楼梯的储存

楼梯的储存应放在指定的储存区域，存放区域地面应保证水平，楼梯应分型号码放。折跑梯左右两端第二个、第三个踏步位置应垫 4 块 100mm×100mm×500mm 木方，距离前后两侧为 250mm，保证各层间木方水平投影重合，存放层数不超过 6 层。

4. 梁的储存

梁存储应放在指定的存放区域，存放区域地面应保证水平，须分型号码放、水平放置。第一层梁应放置在 H 型钢（型钢长度根据通用性一般为 3 000mm）上，保证长度方向与型钢垂直，型钢距构件边 500~800mm，长度过长时应在中间间距 4 m 放置一个 H 型钢，根据构件长度和重量最高叠放 2 层。层间用块 100mm×100mm×500mm 的木方隔开，保证各层间木方水平投影重合于 H 型钢。

5. 柱的储存

柱存储应放在指定的存放区域，存放区域地面应保证水平。柱须分型号码放、水平放置。第一层柱应放置在 H 型钢（型钢长度根据通用性一般为 3000mm）上，保证长度方向与型钢垂直，型钢距构件边 500~800mm，长度过长时应在中间间距 4m 放置一个 H 型钢，根据构件长度和重量最高叠放 3 层。层间用块 100mm×100mm×500mm 的木方隔开，保证各层间木方水平投影重合于 H 型钢。

6. 飘窗的储存

飘窗采用立方专用存放架存储，飘窗下部垫 3 块 100mm×100mm×250mm 木方，两端距墙边 300mm 处各一块木方，墙体重心位置处一块。

7. 异形构件的储存

对于一些异形构件的储存我们要根据其重量和外形尺寸的实际情况合理划分储存区域

及储存形式，避免损伤和变形造成构件质量缺陷。

3.4 预制构件质量检验

预制混凝土结构构件包括构件厂内的单体产品生产和工地现场装配两个大的环节，构件单体的材料、尺寸误差以及装配后的连接质量、尺寸偏差等在很大程度上决定了实际结构能否实现设计意图，因此预制构件质量控制问题尤为重要。

3.4.1 几何尺寸检测

以预制墙板为例，对预制构件的尺寸检测，主要检查项目包括墙体高度、宽度、厚度、对角线差、弯曲、内外表明平整度等。可采用激光测距仪、钢卷尺对于墙板的高、宽、洞口尺寸等进行尺寸测量。预制墙板构件的尺寸允许偏差应符合规定。

外观检测质量应经检验合格，且不应有影响结构安全、安装施工和使用要求的缺陷。尺寸允许偏差项目的合格率不应小于80%，允许偏差不得超过最大限值的1.5倍，且不应有影响结构安全、安装施工和使用要求的缺陷。

3.4.2 外观缺陷检测

对预制构件的外观检测，主要检查是否存在露筋、蜂窝、空洞、夹渣、疏松、裂缝及连接、外形缺陷，并根据其对构件结构性能和使用功能的影响程度来划分一般缺陷或严重缺陷。

3.4.3 混凝土粗糙面质量检测

大力推广预制装配式混凝土住宅体系是实现建筑产业现代化的重要手段之一。因相邻预制混凝土剪力墙之间是通过现浇混凝土的方式实现预制墙体之间的整体连接，即形成整体式接缝连接，故在现浇混凝土与预制混凝土构件之间将产生接缝结合面。结合面的抗剪性能是影响结构整体性和结构抗震性能的关键因素之一。且有关接缝结合面抗剪性能的研究成果表明，结合面的粗糙程度是影响其抗剪性能的一个重要因素，不同粗糙度的结合面对其抗剪性能有着显著的影响。为此（GB/T51231-2016）《装配式混凝土结构技术规程》（JGJ1-2014）和《装配式混凝土建筑技术标准》（GB/T51231-2016）均提出了预制梁端、预制柱端、预制墙端的粗糙面凹凸深度不小于6mm的要求。粗糙度如何测定和评价是一个关键问题。

结合面粗糙度评定方法有如下四种：

1. 灌砂法及硅粉堆落法

灌砂法及硅粉堆落法两种方法的测定原理基本一致，均是通过细小材料砂子或硅粉铺盖至结合面上，通过某一指标的大小评定结合面粗糙度，其具体方法如下。灌砂法的测量方法是：用四片塑料板将混凝土处理面围起来，使塑料板的最高平面和处理面的最高点平齐，在表面上灌入标准砂且与塑料板顶面抹平，然后测得标准砂的体积，利用该体积除以结合面的面积得到灌砂的平均深度，利用该平均深度表征结合面的粗糙程度。硅粉堆落法的测量方法是把 50g 粒径在 $50 \sim 100 \mu m$ 的硅粉颗粒自然堆落在结合面，形成一个圆形区域，定义该圆形区域的半径为结合面的半径为粗糙度指数（SRI），SRI 指数越高，则结合面越光滑。

2. 触针法

该法是由日本学者足立一郎创立。利用差动转换器类型的位移计制成一个凹凸仪，在选定结合面上沿一个长边方向走出一组凹凸曲线，把每条凹凸曲线附近与处理面最高点相联系的水平面表示在其凹凸曲线图上，得到围成的面积 A_i，A_i 乘以其测定断面的相应间隔 B_i，而后叠加得到体积 V，平均深度为 $d = V/A$，利用这个深度来定量描述结合面的粗糙度。

3. 分数维法

分数维法是几何平行理论在结合面粗糙度评定中的应用。该法认为结合面的迹线具有分维结构，并用相应的分数维值来定量描述结合界面的粗糙程度。利用分数维法评定结合面粗糙度须使用分维仪。学者赵志方研发了相应的分维仪。该仪器由钢底板、角钢立柱、x 向游标卡尺和 y 向游标卡尺等部件组成。测量时，调节 x 向游标卡尺与底板的相对高度向两卡尺的间距，以保证两卡尺尺身与底板平行、两卡尺尺身平行，记录向卡尺脚的坐标值调节 y 向卡尺的微调旋钮，左到右进行测量，精确移动 1mm 读取 y 向卡尺上的水平坐标和深度一卡尺上的深度坐标。待测迹线的垂直投影长度为 144mm，测定黏结面上一条迹线须读取 145 对坐标。当第一条迹线测量结束后，将 y 向卡尺脚移至初始位置，将 x 向两卡尺脚向 x 值增大方向移动相同的距离，测量第二条剖面迹线。重复以上操作程序，测量第三、四条剖面迹线。这样就得到编号为 A、B、C、D 四条等间距的平行剖面迹线。测量剖面迹线后，可用计算得出结合面的分维值 D。

4. 粗糙度测定仪法

该方法是把处理好的结合面沿任一边长方向分为 n 个纵截面，各纵截面的间距为 a_i，用粗糙度测定的触针沿黏结面的一个纵截面前行，画出一条凹凸曲线，并通过该截面最高点画一条平行于横截面的直线，此直线与曲线所围的面积为 A_i。n 个纵截面所围体积为 V 等于 $A_i a_i$ 之和，从而得到用平均深度表示的结合面粗糙度。

第4章 装配式混凝土结构安装施工

现阶段装配式住宅的发展速度逐渐提高，基于混凝土装配式住宅结构及功能分区的合理性，该类建筑形式的好评率也不断上升，混凝土装配式住宅的社会关注度也明显增高。尤其是在我国提出可持续发展战略后，建设节约型社会逐渐成为主流趋势，这就为混凝土装配式住宅的发展注入了新的活力。但是由于受到相应限制性因素的直接影响，混凝土装配式住宅施工中仍旧存在相应问题亟须解决，这就需要结合当前情况，将可行性措施精准落实到位，为工程质量的提升提供保障。

4.1 施工准备工作

施工前准备工作是为了保证工程顺利开工和施工活动正常进行而必须事先做好的各项准备工作。它是施工程序中的重要环节，不仅存在于开工前，而且贯穿于整个施工过程之中。为了保证工程项目顺利进行，必须做好施工前准备工作。施工前准备工作应遵循建筑施工程序，只有严格按照建筑施工程序进行才能使工程施工符合技术规律和经济规律。充分做好施工前准备工作，可以有效降低风险损失，加强应变能力。工程项目中不仅需要耗用大量材料，使用许多机械设备组织安排各工种人力，涉及广泛的社会关系，还要处理各种复杂的技术问题，协调各种配合关系，因而需要通过统筹安排和周密准备，才能使工程顺利开工，开工后才能连续顺利地施工且能得到各方面条件的保证。认真做好工程项目施工前准备工作，能调动各方面的积极因素，合理组织资源，加快施工进度，提高工程质量，降低工程成本，从而提高企业经济效益和社会效益。

本书主要就装配式混凝土结构工程的施工准备工作进行阐述，其内容侧重于围绕预制构件的吊装施工。

4.1.1　装配式混凝土结构的基本构件识图

1. 装配式混凝土结构基本构件

按照组成建筑的构件特征和性能划分，包括：

第一，预制楼板（含预制实心板、预制空心板、预制叠合板、预制阳台）。

第二，预制梁（含预制实心梁、预制叠合梁、预制 U 型梁）。

第三，预制墙（含预制实心剪力墙、预制空心墙、预制叠合式剪力墙、预制非承重墙）。

第四，预制柱（含预制实心柱、预制空心柱）。

第五，预制楼梯（预制楼梯段、预制休息平台）。

第六，其他复杂异形构件（预制飘窗、预制带飘窗外墙、预制转角外墙、预制整体厨房卫生间、预制空调板等）。

根据工艺特征不同，可以进一步细分，例如：

第一，预制叠合楼板包括预制预应力叠合楼板（南京大地为代表）、预制桁架钢筋叠合楼板（合肥宝业西韦德为代表）、预制带肋预应力叠合楼板（PK 板）（济南万斯达为代表）等。

第二，预制实心剪力墙包括预制钢筋套筒剪力墙（北京万科和榆构为代表）、预制约束浆锚剪力墙（黑龙江宇辉为代表）、预制浆锚孔洞间接搭接剪力墙（中南建设为代表）等。

第三，预制外墙从构造上又可分为预制普通外墙（长沙远大、深圳万科为代表）、预制夹心三明治保温外墙（万科、宇辉、亚泰为代表）等。

总之，预制构件的表现形式是多样的，可以根据项目特点和要求灵活采用，在此不一一赘述。

2. 装配式混凝土结构构件识图

从国家建筑标准设计图集《装配式混凝土结构住宅建筑设计示例（剪力墙结构）》和《装配式混凝土结构表示方法及示例（剪力墙结构）》中给出的图纸样例，可以看出装配式混凝土剪力墙结构施工图纸的基本组成，以及其与传统现浇结构施工图纸的差异。

和传统现浇结构施工图组成相同，装配式混凝土剪力墙结构施工图纸也是由建筑施工图、结构施工图和设备施工图（图集中未详细给出）组成。除传统现浇结构的基本图纸组成外，装配式混凝土剪力墙结构施工图纸还增加了与装配化施工相关的各种图示与说明。

在建筑设计总说明中，添加了装配式建筑设计专项说明。在进行装配施工的楼层平面图和相关详图中，需要分别表示出预制构件和后浇混凝土部分。对各类预制构件给出尺寸控制图。根据项目需要，提供 BIM 模型图。

在结构设计总说明中添加装配式结构专项说明，对构件预制生产和现场装配施工的相关要求进行专项说明。对各类预制构件给出模板图和配筋图。

4.1.2 施工平面布置

根据工程项目的构件分布图，制订项目的安装方案，并合理地选择吊装机械。构件临时堆场应尽可能地设置在吊机的辐射半径内，减少现场的二次搬运，同时构件临时堆场应平整坚实，有排水设施。规划临时堆场及运输道路时，须对堆放全区域及运输道路进行加固处理。施工场地四周要设置循环道路，一般宽约 4~6m，路面要平整、坚实，两旁要设置排水沟。距建筑物周围 3m 范围内为安全禁区，不准堆放任何构件和材料。

墙板堆放区要根据吊装机械行驶路线来确定，一般应布置在吊装机械工作半径范围以内，避免吊装机械空驶和负荷行驶。楼板、屋面板、楼梯、休息平台板、通风道等，一般沿建筑物堆放在墙板的外侧。结构安装阶段需要吊运到楼层的零星构配件、混凝土、砂浆、砖、门窗、炉片、管材等材料的堆放，应视现场具体情况而定，要充分利用建筑物两端空地及吊装机械工作半径范围内的其他空地。这些材料应确定数量，组织吊次，按照楼层材料布置的要求，随每层结构安装逐层吊运到楼层指定地点。

4.1.3 装配式混凝土结构构件机械、机具准备

1. 起重机械配置

与现浇相比，装配式建筑施工时中心环节是吊装作业，且起重量大幅度增加。根据具体工程构件重量不同，一般在 5~14 t。剪力墙工程的起重量比框架或筒体工程的起重量要小一些。

起重机械的选择应根据建筑物结构形式、构件最大安装高度和重量、作业半径及吊装工程量等条件来进行。选型之前要先对构建物各部分的构件重量进行计算，校验其重量是否与起重机的起吊重量相匹配，并适当留有余量；再综合起重机实际的起重力矩、建筑物高度等方面的因素进行确定。所采用的起重设备及其施工操作，均应符合国家现行标准及产品应用技术手册的规定。吊装开始前，应复核吊装机是否满足吊装重量、吊装力矩、构件尺寸及作业半径等施工要求，并调试合格。

吊装机械的选型应根据其工作半径、起重量、起重力矩和起重高度来确定，并满足以

下要求：

第一，工作半径是指吊装机械回转中心线至吊钩中心线的水平距离，包括最大幅度与最小幅度两个参数，应重点考察最大幅度条件下是否能满足施工需要。

第二，起重量是指起重机在各种工况下安全作业所容许的最大起吊重量，包括 PC 构件、吊具、索具等的重量。对于 PC 构件起吊及落位整个过程是否超荷，须进行塔吊起重能力验算。

第三，起重力矩是指起重机的幅度与在此幅度下相应的起重量的乘积，能比较全面和确切地反映塔式起重机的工作能力，塔式起重机起重力矩一般控制在其额定起重力矩的75%之下，才能保证作业安全并延长其使用寿命。

第四，起重高度是指从地面至吊钩中心的垂直距离，一般应根据建筑物的总高度、预制构件的最大高度、安全生产高度、索具高度、脚手架构造尺寸及施工方法等综合确定。当为群塔施工时，还须考虑群塔间的安全垂直距离。

2. 索具、吊具和机具的配置

按行业习惯，我们把系结物品的挠性工具称为索具或吊索，把用于起重吊运作业的刚性取物装置称为吊具，把在工程中使用的由电动机或人力通过传动装置驱动带有钢丝绳的卷筒或环链来实现载荷移动的机械设备称为机具。索具与吊具的选用应与所吊构件的种类、工程条件及具体要求相适应。吊装方案设计时应对索具和吊具进行验算，索具不得超过其最大安全工作载荷，吊具不得超过其额定起重量。作业前应对其进行检查，当确认各功能正常、完好时，再投入使用。

3. 施工工具的配置

装配式建筑的施工工具与现浇混凝土工程相比有很大的不同，除前述各类索具、吊具和机具等之外，还需要灌浆工具、地锚、千斤顶、调压器、空压机、模板、支撑、专用扳手、套筒扳手、电动扳手、卷尺、水平尺、侧墙固定器、转角固定器、水平拉杆、垫铁、钢锲、木楔，以及各类螺栓、垫片、垫环等。这些工具应根据施工工艺要求、施工进度计划等配置，进场时必须根据设计图样和有关规范进行验收和保管。所有工具应根据预制构件形状、尺寸及重量等参数进行配置，并按照国家现行有关标准的规定进行设计、验算或试验检验，并经认定合格后方可投入使用。

4.1.4 其他准备工作

1. 技术资料准备

组织现场施工人员熟悉、审查施工图纸和有关的设计资料，对构件型号、尺寸、埋件位置逐项检查核对，确保无遗漏、无错误，避免构件生产无法满足施工措施和建筑功能的要求。编制施工组织设计，其中构件模具生产顺序和构件加工顺序及构件装车顺序必须与现场吊装计划相对应，避免因为构件未加工或装车顺序错误影响现场施工进度。在施工开始前由项目工程师召集各相关岗位人员汇总、讨论图纸问题。设计交底时，切实解决疑难和现场碰到的图纸施工矛盾，切实加强与建设单位、设计单位、预制构件加工制作单位、施工单位以及相关单位的联系，及时加强沟通与信息交流，要向施工人员做好技术交底，按照三级技术交底程序要求，逐级进行技术交底，特别是对不同技术工种的针对性交底，每次交底后要切实加强和落实。熟悉吊装顺序和各种指挥信号，准备好各种施工记录表格。

2. 人员准备

在工程开工前组织好劳动力准备，建立拟建工程项目的领导机构，建立精干有经验的施工队组，集结施工力量，组织劳动力进场，同时建立健全各项管理制度。在施工前应对管理人员和吊装工人、灌浆作业等特殊工序的操作人员进行有针对性的技术交底和专项培训，明确工艺操作要点、工序以及施工操作过程中的安全要素。对于没有装配式结构施工经验的施工单位而言，应在样板间安装或其他试安装过程中，使管理人员和操作人员进一步熟悉管理规范，磨炼操作技能，掌握施工技术要点。

灌浆作业施工由若干班组组成，每组点不少于两人，一人负责注浆作业，一人负责调浆以及灌浆溢流孔封堵工作。

3. 工艺准备

安装施工前，应核对已施工完成结构的混凝土强度、外观质量、尺寸偏差等是否符合现行国家标准《混凝土结构工程施工规范》（GB50666-2011）和行业标准《装配式混凝土结构技术规程》（JGJ1-2014）的有关规定。钢筋套筒灌浆前，应在现场模拟构件连接接头的灌浆方式，每种规格的（信号工1人，吊装工4人）钢筋应制作不少于3个套筒灌浆连接接头，进行灌注质量，以及接头抗拉强度的检验；经检验合格后，方可进行灌浆作业。

安装施工前，应在预制构件和已完成的结构上测量放线，设置构件安装定位标识。应复核构件装配位置、节点连接构造及临时支撑方案等。应检查吊装设备及吊具处于安全操作状态。应核实现场环境、天气、道路状况等是否满足吊装施工要求。结构吊装前，宜选择有代表性的单元进行预制构件试安装，并应根据试安装结果及时调整完善施工方案和施工工艺。

4. 季节性施工和安全措施准备

装配式混凝土结构安装工程通常是露天作业，冬季和雨季对施工生产的影响较大。为保证按期、保质地完成施工任务，必须做好冬季、雨季施工准备工作。冬季准备工作包括合理安排冬季施工项目；落实热源供应和保温材料的储存；做好测温、保温和防冻工作；加强安全教育，严防火灾发生。雨季施工准备工作包括防洪排涝，做好现场排水工作；做好雨季施工安排，尽量避免雨季窝工造成的损失；做好道路维护，保证运输通畅；做好预制构件、材料等物资的储存；做好机具设备等的防护；加强施工管理，做好雨季施工安全教育。

施工准备主要围绕施工组织要素中人员、材料、机械等开展。与现浇混凝土结构施工相比，装配式混凝土结构施工由于施工工艺有根本性的不同，须重点突出人员、预制构件和材料、设备和工具等的准备工作。吊装作业是整个施工的关键环节，要做好施工平面布置工作，重点是处理好吊装机械的布置，理顺预制构件安装与运输、堆放的关系，同时也要规划好场内运输道路和运行线路，从而将生产要素有序地组织起来。人员准备主要强调对操作人员，特别是吊装工、灌浆工等与装配式结构施工质量和安全息息相关的人员的培训，使该部分人员形成质量意识和安全意识。预制构件准备的重点是其运输、进场和存放等准备工作，主要包括预制构件的装车运输方式、进场检验项目、存放方式和要求等内容。材料准备重点是装配式结构施工所特有的连接材料、密封材料，包括钢筋套筒、灌浆料、坐浆料等连接材料和密封胶等密封材料的准备。工具准备主要指构件吊装所用的各类索具、吊具、机具，以及灌浆工具、模板、临时支撑等专用工具的准备。

4.2　装配式混凝土结构整向受力构件的现场施工

4.2.1　预制混凝土柱构件安装施工

1. 测量放线

安装施工前，应在构件和已完成结构上测量放线，设置安装定位标志。测量放线主要包括以下内容。

第一，每层楼面轴线垂直控制点不应少于 4 个，楼层上的控制轴线应使用经纬仪由底层原始点直接向上引测。

第二，每个楼层应设置 1 个引程控制点。

第三，预制构件控制线应由轴线引出。

第四，应准确弹出预制构件安装位置的外轮廓线。预制柱的就位以轴线和外轮廓线为控制线，对于边柱和角柱，应以外轮廓线控制为准。

2. 铺设坐浆料

预制柱构件底部与下层楼板上表面间不能直接相连，应有 20mm 厚的坐浆层，以保证两者混凝土能够可靠协同工作。坐浆层应在构件吊装前铺设，且不宜铺设太早，以免坐浆层凝结硬化失去黏结能力。一般而言，应在坐浆层铺设后 1 小时内完成预制构件安装工作，天气炎热或气候干燥时应缩短安装作业时间。

3. 柱构件吊装

柱构件吊装宜按照角柱、边柱、中柱顺序进行安装，与现浇部分连接的柱宜先行吊装。

吊装作业应连续进行，吊装前应对待吊构件进行核对，同时对起重设备进行安全检查，重点检查预制构件预留螺栓孔丝扣是否完好，杜绝吊装过程中滑丝脱落现象。对吊装难度大的部件必须进行空载实际演练，操作人员对操作工具进行清点。填写施工准备情况登记表，施工现场负责人检查核对签字后方可开始吊装。

预制构件在吊装过程中应保持稳定，不得偏斜、摇摆和扭转。吊装时，一定要采用扁担式吊具吊装。

4. 定位校正和临时固定

（1）构件定位校正

构件底部若局部套筒未对准时，可使用倒链将构件手动微调、对孔。垂直落在准确的位置后拉线复核水平是否有偏差。无误差后，利用预制构件上的预埋螺栓和地面后置膨胀螺栓安装斜支撑杆，复测柱顶标高后方可松开吊钩。利用斜支撑杆调节好构件的垂直度。调节好垂直度后，刮平底部坐浆。在调节斜撑杆时必须由两名工人同时、同方向，分别调节两根斜撑杆。

安装施工应根据结构特点按合理顺序进行，须考虑平面运输、结构体系转换，测量校正、精度调整及系统构成等因素，及时形成稳定的空间刚度单元。必要时应增加临时支撑结构或临时措施。单个混凝土构件的连接施工应一次性完成。

预制构件安装后，应对安装位置、安装标高、垂直度、累计垂直度进行校核与调整。构件安装就位后，可通过临时支撑对构件的位置和垂直度进行微调。

（2）构件临时固定

安装阶段的结构稳定性对保证施工安全和安装精度非常重要，构件在安装就位后，应采取临时措施进行固定。临时支撑结构或临时措施应能承受结构自重、施工荷载、风荷载、吊装产生的冲击荷载等作用，使其结构不至于产生永久变形。

5. 钢筋套筒灌浆施工

钢筋套筒灌浆的灌浆施工是装配式混凝土结构工程的关键环节之一。

实际应用在竖向预制构件时，通常将灌浆连接套筒现场连接端固定在构件下端部模板上，另一端即预埋端的孔口安装密封圈，构件内预埋的连接钢筋穿过密封圈插入灌浆连接套筒的预埋端，套筒两端侧壁上灌浆孔和出浆孔分别引出两条灌浆管和出浆管连通至构件外表面，预制构件成型后，套筒下端为连接另一构件钢筋的灌浆连接端。构件在现场安装时，将另一构件的连接钢筋全部插入该构件上对应的灌浆连接套筒内，从构件下部各个套筒的灌浆孔向各个套筒内灌注高强灌浆料，至灌浆料充满套筒与连接钢筋的间隙从所有套筒上部出浆孔流出，灌浆料凝固后，即形成钢筋套筒灌浆接头，从而完成两个构件之间的钢筋连接。

4.2.2　预制混凝土剪力墙构件安装施工

预制混凝土剪力墙构件的安装施工工序为：测量放线→封堵分仓→构件吊装→定位校正和临时固定→钢筋套筒灌浆施工。其中测量放线、构件吊装、定位校正和临时固定的施工工艺可参见预制柱的施工工艺。

1. 封堵分仓

采用注浆法实现构件间混凝土可靠连接，即通过灌浆料从套筒流入原坐浆层充当坐浆料而实现。相对于坐浆法，注浆法无须担心吊装作业前坐浆料失水凝固，并且先使预制构件落位后再注浆也易于确定坐浆层的厚度。

构件吊装前，应预先在构件安装位置预设 20mm 厚垫片，以保证构件下方注浆层厚度满足要求。然后沿预制构件外边线用密封材料进行封堵。当预制构件长度过长时，注浆层也随之过长，不利于控制注浆层的施工质量。这时可将注浆层分成若干段，各段之间用坐浆材料分隔，注浆时逐段进行。这种注浆方法叫作分仓法。连通区内任意两个灌浆套筒间距不宜超过 1.5m。

2. 构件吊装

与现浇部分连接的墙板宜先行吊装，其他宜按照外墙先行吊装的原则进行吊装。就位前应设置底部调平装置，控制构件安装标高。

3. 钢筋套筒灌浆施工

灌浆前应合理选择灌浆孔。一般来说，宜选择从每个分仓位于中部的灌浆孔灌浆，灌浆前将其他灌浆孔严密封堵。灌浆操作要求与坐浆法相同。直到该分仓各出浆孔分别有连续的浆液流出时，注浆作业完毕，将注浆孔和所有出浆孔封堵。

4.3　预制混凝土水平受力构件的现场施工

4.3.1　钢筋桁架混凝土叠合梁板安装施工

1. 叠合楼板安装施工

预制混凝土叠合楼板的现场施工工艺：定位放线→安装底板支撑并调整→安装叠合楼板的预制部分→安装侧模板、现浇区底模板及支架→绑扎叠合层钢筋、铺设管线、预埋件→浇筑叠合层混凝土→拆除模板。

其安装施工均应符合下列规定。

第一，叠合构件的支撑应根据设计要求或施工方案设置，支撑标高除应符合设计规定外，还应考虑支撑本身的施工变形。

第二，控制施工荷载不应超过设计规定，并应避免单个预制构件承受较大的集中荷载与冲击荷载。

第三，叠合构件的搁置长度应满足设计要求，宜设置厚度不大于 20mm 的坐浆层或垫片。

第四，叠合构件混凝土浇筑前，应检查结合面粗糙度，并应检查及校正预制构件的外露钢筋。

第五，预制底板吊装完后应对板底接缝高差进行校核；当叠合板板底接缝高差不满足设计要求时，应将构件重新起吊，通过可调托座进行调节。

第六，预制底板的接缝宽度应满足设计要求。

第七，叠合构件应在后浇混凝土强度达到设计要求后，方可拆除支撑或承受施工荷载。

2. 叠合梁安装施工

装配式混凝土叠合梁的安装施工工艺与叠合楼板工艺类似。现场施工时应将相邻的叠合梁与叠合楼板协同安装，两者的叠合层混凝土同时浇筑，以保证建筑的整体性能。

套筒灌浆连接水平钢筋时事先将灌浆套筒安装在一端钢筋上，两端连接钢筋就位后，将套筒从一端钢筋移动到两根钢筋中部，两端钢筋均插入套筒达到规定的深度，再从套筒侧壁通过灌浆孔注入灌浆料，至灌浆料从出浆口流出，灌浆料充满套筒内壁与钢筋的间隙，灌浆料凝固后即将两根水平钢筋连在一起。

钢筋水平连接时，应采用全灌浆套筒连接，灌浆套筒各自独立灌浆。水平钢筋套筒灌浆连接，灌浆作业应采用压浆法从灌浆套筒一侧灌浆孔注入，当拌和物在另一侧出浆孔流出时应停止灌浆。套筒灌浆孔，出浆孔应朝上，保证灌满后浆面高于套筒内壁最高点。

安装顺序宜遵循先主梁后次梁、先低后高的原则。安装前，应测量并修正临时支撑标高，确保与梁底标高一致，并在柱上弹出梁边控制线；安装后根据控制线进行精密调整。安装时梁伸入支座的长度与搁置长度应符合设计要求。

装配式混凝土建筑梁柱节点处作业面狭小且钢筋交错密集，施工难度极大。因此，在拆分设计时即考虑好各种钢筋的关系，直接设计出必要的弯折。此外，吊装方案要按拆分设计考虑吊装顺序，吊装时则必须严格按吊装方案控制先后顺序，安装前，应复核柱钢筋与梁钢筋位置、尺寸，对梁钢筋与柱钢筋位置有冲突的，应按经设计单位确认的技术方案调整。

4.3.2　预制混凝土阳台、空调板、太阳能板的安装施工

装配式混凝土建筑的阳台一般设计成封闭式阳台，其楼板采用钢筋桁架叠合板；部分项目采用全预制悬挑式阳台。空调板、太阳能板以全预制悬挑式构件为主。全预制悬挑式构件是通过将甩出的钢筋伸入相邻楼板叠合层足够锚固长度，通过相邻楼板叠合层后浇混凝土与主体结构实现可靠连接。

预制混凝土阳台、空调板、太阳能板的现场施工工艺：定位放线→安装底部支撑并调整→安装构件→绑扎叠合层钢筋→浇筑叠合层混凝土→拆除模板。

4.4 预制混凝土楼梯及外挂墙板的安装施工

4.4.1 预制混凝土楼梯及其安装施工

1. 预制楼梯

预制楼梯作为规格化程度较高的一类构件，应用面较为广泛。楼梯是建筑交通流线的重要组成部分，是保障建筑内人员安全的重要因素之一，特别在地震、火灾等极端情况下，更是人员疏散的主要通道。因此，预制楼梯的制造和施工质量也应引起足够的重视。

目前，还没有单独的预制楼梯验收标准，但作为水平类构件，其相关的进场检查标准可参照预制楼板、预制梁等构件的检查标准。用于起吊的预埋件可参照预制叠合楼板的相关内容，资料性的检查可参见预制梁的相关内容。

（1）预制楼梯的外观质量及外形尺寸

预制楼梯混凝土外观质量、预制楼梯的相关预设部件尺寸检查按照规定进行，预制楼梯自身相关尺寸满足要求。

（2）预留连接孔口的形状和相关参数

目前我国的预制楼梯主要采用搁置的方式安装于结构中，通过预制楼梯两端的预留连接孔与预埋于结构中的销栓钢筋进行连接。预留连接孔一般位于预制楼梯的搁置段上。预制楼梯一般采用"一端固定一端滑动"的方式安装于结构中，其两端的预留连接孔形状是不同的。滑动端的预留连接孔为圆柱形，上下直径相同；固支端的预留连接孔则为上大下小的圆锥柱状，用以防止预制楼梯在地震作用下发生上跳等不利情况。固支端上大下小的预留连接孔是保证使用安全性能的重要措施，但由于该细节容易忽视，技术能力相对较弱的预制构件厂可能发生疏忽，预留连接孔形状颠倒的情况时有发生。因此，在预制楼梯进场时，对于预留连接孔的检查应予以重视，发生预留连接孔不合格的情况时，应及时处理，以免造成后续施工的麻烦甚至发生质量事故。

（3）踏面防滑槽的设置

由于楼梯的特殊性，预制楼梯踏面上用于行走的部位应设置防滑槽。预制楼梯进场时，应检查是否按照设计文件要求，设置防滑槽。对于未按要求设置防滑槽的预制楼梯构件，应及时采取措施进行整修或退厂处理。

（4）构件的唯一性标识

每个预制楼梯应具有独立的标号，在进场时，预制楼梯表面应该具有对应编号的唯一性标识，便于后续施工中对预制楼梯的确认。

2. 预制混凝土楼梯的安装施工

为提高楼梯抗震性能，参照传统现浇结构的施工经验，结合装配式混凝土建筑施工特点，楼梯构件与主体结构多采用滑动式支座连接。

预制楼梯的现场施工工艺流程：定位放线→清理安装面、设置垫片、铺设砂浆→预制楼梯吊装→楼梯端支座固定。

4.4.2　预制混凝土外挂墙板及其安装施工

1. 预制外挂墙板

预制外挂墙板作为装配式建筑中的围护构件，是装配式建筑成型的重要环节，也是保证建筑功能和使用质量的关键因素之一。目前，我国的预制外挂墙板根据适应建筑结构变形的方式来分，主要有：平动式、转动式和固定式。根据预制外墙板与结构的连接方式，又可分为：点挂式、线挂式和点线结合式。点挂式预制墙板与主体结构通过不少于两个独立支承点传递荷载；线挂式预制外挂墙板主要通过墙板边缘局部与主体结构的现浇段来实现连接；点线结合式预制外挂墙板则结合了上述两种连接方式的特点，保留了一定的现浇段和支承点来实现与主体结构的连接。

（1）外挂墙板外观质量及构件外形尺寸

外挂墙板外观质量、外挂墙板及相关预设部件尺寸检查按照规定进行。对于点挂式和点线结合式外挂墙板，用于连接结构的预埋件，其尺寸和定位应严格检查，保证满足要求。

（2）预留连接钢筋的相关状态

线挂式和点线结合式外挂墙板，主要通过伸出的预留钢筋锚固结构的叠合现浇层来进行连接，其相关的质量状态关系到外挂墙板连接的安全性能，因此应给予足够的重视。预留连接钢筋的品种、级别、规格、数量、位置、长度、间距、锚固形式等应按照设计图纸和相关的误差允许范围进行检查，且预留连接钢筋的表面不应有明显的污染状况。

（3）与后浇混凝土连接处的粗糙面处理及键槽设置

线挂式和点线结合式外挂墙板与结构相连接的部分，其粗糙面是外挂墙板和现浇混凝土部分相连接的关键。其粗糙面的面积不宜小于结合面的80%，且粗糙面凹凸深度不应小于 6mm。若在结合面上设置剪力键，剪力键深度不宜小于 30mm，宽度不宜小于深度的 3 倍且不大于深度的 10 倍，剪力键端部斜面倾角不宜大于 30°。

（4）门窗框的安装固定及外观质量

外挂墙板上将会安装门窗框等，其外观应完整、良好，不应有明显的损伤。

（5）外装饰面层外观质量

根据不同项目的要求，外挂墙板外表面可能在工厂阶段进行外装饰作业，减少现场的外装作业量。外挂墙板的外饰面的验收可参照《建筑装饰装修工程验收标准》（GB50210-2018）或《清水混凝土应用技术规程》（JGJ 169-2009）的相关规定。采用观察或轻击，并与样板比较的方式对预贴饰面砖、石材等饰面及装饰混凝土饰面的外观质量进行检查。

（6）构件的唯一性标识

每个预制外挂墙板应具有独立的标号，在进场时，外挂墙板应该具有对应编号的唯一性标识，便于后续施工中对外挂墙板的确认。

（7）资料性检查

外挂墙板进场的相关资料性文件，应包含以下内容：混凝土强度检验报告，连接节点及其相关连接用预埋件的工艺检验报告，吊钉类吊点承力件提供承载力试验报告、吊环类吊点承力件承载力验算报告等。若设计有要求或合同约定时，还应要求预制厂商提供混凝土抗渗、抗冻等约定性能的试验报告。

对于预制保温夹芯保温墙，在进场时可要求提供拉结件的质量证明文件，包括出厂检验报告和形式检验报告，出厂检验报告中应包含外观质量、尺寸偏差、材料力学性能，形式检验报告中应包含外观质量、尺寸偏差、材料力学性能、锚固性能、耐久性能等。

2. 预制混凝土外挂墙板的安装施工

（1）外挂墙板施工前准备

第一，外挂墙板安装前应该编制安装方案，确定外挂墙板水平运输、垂直运输的吊装方式，进行设备选型及安装调试。

第二，主体结构预埋件应在主体结构施工时按设计要求埋设；外挂墙板安装前应在施工单位对主体结构和预埋件验收合格的基础上进行复测，对存在的问题应与施工、监理、设计单位进行协调解决。主体结构及预埋件施工偏差应符合《混凝土结构工程施工质量验收规范》（GB 50204-2015）的规定，垂直方向和水平方向最大施工偏差应该满足设计要求。

第三，外挂墙板在进场前应进行检查验收，不合格的构件不得安装使用，安装用连接件及配套材料应进行现场报验，复试合格后方可使用。

第四，外挂墙板的现场存放应该按安装顺序排列并采取保护措施。

第五，外挂墙板安装人员应提前进行安装技能培训工作，安装前施工管理人员要做好技术交底和安全交底。施工安装人员应充分理解安装技术要求和质量检验标准。

（2）外挂墙板的安装与固定

第一，外挂墙板正式安装前要根据施工方案要求进行试安装，经过试安装并验收合格后可进行正式安装。

第二，外挂墙板应该按顺序分层或分段吊装，吊装应采用慢起、稳升、缓放的操作方式，应系好缆风绳控制构件转动；吊装过程中应保持稳定，不得偏斜、摇摆和扭转。

第三，外挂墙板安装就位后应对连接节点进行检查验收，隐藏在墙内的连接节点必须在施工过程中及时做好隐检记录。

第四，外挂墙板均为独立自承重构件，应保证板缝四周为弹性密封构造。安装时，严禁在板缝中放置硬质垫块，避免外挂墙板通过垫块传力，造成节点连接破坏。

第五，节点连接处外露铁件均应做防腐处理，对于焊接处镀锌层破坏部位必须涂刷三道防腐涂料防腐，有防火要求的铁件应采用防火涂料喷涂处理。

第六，外挂墙板安装尺寸的允许偏差检查，应符合相关规范的要求。

4.5　预制混凝土外挂墙板的防水施工

4.5.1　防水设计理念

建筑物的防水工程一直是建筑施工中非常重要的一个环节，因为防水效果的好坏直接影响到建筑物今后的使用功能是否完善，经常漏水的房屋是无法满足用户居住和使用的需求的。

我们知道水的流动性非常强而且是无孔不入的，因此传统建筑防水最主要的设计理念就是堵水，堵住一切水流可以进入室内的通道以起到防水的效果。这一理念用在传统现浇结构的建筑上还是能达到理想的效果的，但是对于预制装配式建筑来说其效果可能就不那么理想了。

预制装配式建筑就是将建筑物的结构体如墙板、柱、梁、楼板、楼梯等按一定的规格分拆后在工厂中先进行生产预制，然后运输到现场进行拼装。由于是现场拼装的构配件，会留下大量的拼装接缝，这些接缝很容易成为水流渗透的通道，因此预制装配式建筑在防水上其实是有一定先天弱点的。此外有些预制装配式建筑为了抵抗地震力的影响，其外墙板设计成为一种可在一定范围内活动的外墙，墙板可活动更加增加了墙板接缝防水的难度。

鉴于以上因素，预制装配式建筑防水的设计理念就必须进行调整，我们认为对于预制装配式建筑的防水，导水优于堵水、排水优于防水。简单说就是要在设计时就考虑可能有一定的水流会突破外侧防水层，通过设计合理的排水路径将这部分突破而入的水引导到排水构造中，将其排出室外，避免其进一步渗透到室内。此外利用水流受重力作用自然垂流的原理，设计时将墙板接缝设计成内高外低的企口形状，结合一定的减压空腔设计防止水流通过毛细作用倒流进入室内，除了混凝土构造防水措施之外，使用橡胶止水带和多组分耐候防水胶完善整个预制墙板的防水体系才能真正做到滴水不漏。

4.5.2　外墙板接缝防水构造

预制外墙板是目前国内 PC 建筑中运用最多的一种形式，预制外墙板表面平整度好、整体精度高，同时又可以将建筑物的外窗以及外立面的保温及装饰层直接在工厂预制完成，获得了很多开发商的青睐。由于预制外墙是分块进行拼装的，不可避免地会遇到连接接缝的防水处理问题，因此我们必须高度重视预制外墙防水节点的处理工作。

预制外墙板的接缝应满足保温、防火、隔声的要求。预制外墙板的板缝处，应保持墙体保温性能的连续性。对于夹心外墙板，当内叶墙体为承重墙板，相邻夹心外墙板间浇筑有后浇混凝土时，在夹心层中保温材料的接缝处，应选用 A 级不燃保温材料，如岩棉等填充。夹芯保温外墙板后浇混凝土连接节点区域的钢筋连接施工时，不得采用焊接连接。

装配式建筑外墙的设计关键在于连接节点的构造设计。对于承重预制外墙板、预制外挂墙板、预制夹心外墙板等不同外墙板连接节点的构造设计，悬挑构件、装饰构件连接节点的构造设计，以及门窗连接节点的构造设计等，均应根据建筑功能的需要，满足结构、热工、防水、防火、保温、隔热、隔声及建筑造型设计等要求。预制外墙板的各类接缝设计应构造合理、施工方便、坚固耐久，并结合本地材料、制作及施工条件进行综合考虑。

根据规定，预制外墙板的接缝及门窗洞口等防水薄弱部位宜采用材料防水和构造防水相结合的做法，并应符合下列规定：

第一，墙板水平接缝宜采用高低缝或企口缝构造。

第二，墙板竖缝可采用平口或槽口构造。

上述内容中的构造防水是采取合适的构造形式，阻断水的通路，以达到防水的目的。如在外墙板接缝外口设置适当的线型构造（立缝的沟槽，平缝的挡水台等），形成空腔，截断毛细管通路，利用排水构造将渗入接缝的雨水排出墙外，防止向室内渗漏。

材料防水是靠防水材料阻断水的通路，以达到防水的目的或增加抗渗漏的能力。如预制外墙板的接缝采用耐候性密封胶等防水材料，用以阻断水的通路。用于防水的密封材料应选用耐候性密封胶；接缝处的背衬材料宜采用发泡氯丁橡胶或发泡聚乙烯塑料棒；外墙板接缝中用于第二道防水的密封胶条，宜采用三元乙丙橡胶、氯丁橡胶或硅橡胶。

根据《装配式混凝土建筑技术标准》（GBT 51231—2016）中 10.3.7，预制剪力墙板安装应符合下列规定：采用灌浆套筒连接、浆锚搭接连接的夹芯保温外墙板应在保温材料部位采用弹性密封材料进行封堵。

4.5.3 外墙板接缝防水形式

目前在实际运用中普遍采用的预制外墙板接缝防水形式主要有以下几种：

1. 接缝防水

内浇外挂的预制外墙板（即 PCF 板）主要采用外侧排水空腔及打胶，内侧依赖现浇部分混凝土自防水的接缝防水形式。这种外墙板接缝防水形式是目前运用最多的一种形式，它的好处是施工比较简易速度快，缺点是防水质量难以控制，空腔堵塞情况时有发生，一旦内侧混凝土发生开裂直接导致墙板防水失败。

2. 封闭式线防水

外挂式预制外墙板采用封闭式线防水形式。这种墙板防水形式主要有三道防水措施，最外侧采用高弹力的耐候防水硅胶，中间部分为物理空腔形成的减压空间，内侧使用预嵌在混凝土中的防水橡胶条上下互相压紧来起到防水效果，在墙面之间的十字接头处在橡胶止水带之外再增加一道聚氨酯防水，其主要作用是利用聚氨酯良好的弹性封堵橡胶止水带相互错动可能产生的细微缝隙，对于防水要求特别高的房间或建筑，可以在橡胶止水带内侧全面施工聚氨酯防水，以增强防水的可靠性。每隔三层左右的距离在外墙防水硅胶上设一处排水管，可有效地将渗入减压空间的雨水引导到室外。

封闭式线防水的防水构造采用了内外三道防水、疏堵相结合的办法，其防水构造是非常完善的，因此防水效果也非常好，缺点是施工时精度要求非常高，墙板错位不能大于5mm 否则无法压紧止水橡胶条，采用的耐候防水胶的性能要求比较高，不仅要有高弹性耐老化，同时使用寿命要求不低于 20 年，成本比较高，结构胶施工时的质量要求比较高，必须由富有经验的专业施工团队来负责操作。

3. 开放式线防水

外挂式预制外墙板还有一种接缝防水形式称为开放式线防水。这种防水形式与封闭式线防水在内侧的两道防水措施即企口型的减压空间以及内侧的压密式的防水橡胶条是基本相同的，但是在墙板外侧的防水措施上，开放式线防水不采用打胶的形式，而是采用一端预埋在墙板内、另一端伸出墙板外的幕帘状橡胶条上下相互搭接来起到防水作用，同时外侧的橡胶条间隔一定距离设置不锈钢导气槽，同时起到平衡内外气压和排水的作用。

开放式线防水形式最外侧的防水采用了预埋的橡胶条，产品质量更容易控制和检验，施工时工人无须在墙板外侧打胶，省去了脚手架或者吊篮等施工措施，更加安全简便，缺点是对产品保护要求较高，预埋橡胶条一旦损坏更换困难，耐候性的橡胶止水条成本也比较高。开放式线防水是目前外墙防水接缝处理形式中最为先进的形式，但其是一项由国外公司研发的专利技术，受专利使用费用的影响，目前国内使用这项技术的项目还非常少。

4.5.4　预制外墙板接缝的密封防水施工要点

从防水工程的角度来看，装配式混凝土建筑关注的重点主要在建筑物的地上部分，通常从地上二层开始，一层及以下仍采取与现浇结构完全相同的方式建造；屋面如不采用PC结构，其构造与施工与现行《屋面工程技术规范》（GB50345-2012）的规定基本一致；室内由于采用PC构件加节点现浇（或灌浆连接）的工艺，防水功能比较容易得到保证。因此，如果要探讨装配式混凝土建筑中防水工程的特点，除去与地下、屋面和室内等与现浇混凝土结构完全相同的环节之外，需要重点关注及难点主要是预制外墙板接缝的密封防水。

目前预制外墙板接缝的防水处理技术在工艺上还是比较复杂的，因此在施工时也有比较大的施工难度，在实际施工时我们应根据不同的外墙板接缝设计要求制定有针对性的施工方案和措施。具体的我们在施工时应注重以下几个施工要点：

第一，墙板施工前做好产品的质量检查。预制墙板的加工精度和混凝土养护质量直接影响墙板的安装精度和防水情况，墙板安装前必须认真复核墙板的几何尺寸和平整度情况，检查墙板表面以及预埋窗框周围的混凝土是否密实、是否存在贯通裂缝，混凝土质量不合格的墙板严禁使用。此外我们还需要认真检查墙板周边的预埋橡胶条的安装质量，检查橡胶条是否预嵌牢固，转角部位是否有破损的情况，是否有混凝土浆液漏进橡胶条内部造成橡胶条变硬失去弹性，橡胶条必须严格检查确保无瑕疵，有质量问题必须更换后方可进行吊装。

第二，墙板施工时严格控制安装精度。墙板吊装前认真做好测量放线工作，不仅要放基准线还要把墙板的位置线都放出来以便于吊装时墙板定位。墙板精度调整一般分为粗调和精调两步，粗调是按控制线为标准使墙板就位脱钩，精调要求将墙板轴线位置和垂直度偏差调整到规范允许偏差范围内，实际施工时一般要求不超过5mm。

第三，墙板接缝防水施工时严格按工艺流程操作，做好每道工序的质量检查。墙板接缝外侧打胶要严格按照设计流程来进行，基底层和预留空腔内必须使用高压空气清理干净。打胶前背衬深度要认真检查，打胶厚度必须符合设计要求，打胶部位的墙板要用底涂处理增强胶与混凝土墙板之间的黏结力，打胶中断时要留好施工缝，施工缝内高外低，互相搭接不能少于 5 cm。墙板内侧的连接铁件和十字接缝部位使用打聚氨酯密封处理，由于铁件部位没有橡胶止水条，施工聚氨酯前要认真做好铁件的除锈和防锈工作，聚氨酯要施打严密不留任何缝隙，施工完毕后要进行泼水试验确保无渗漏后才能密封盖板。

第四，施工完毕后进行防水效果试验，及时妥善有效处理渗漏问题，墙板防水施工完毕后，应及时进行淋水试验以检验防水的有效性。淋水的重点是墙板十字接缝处、预制墙板与现浇结构连接处以及窗框部位。淋水时宜使用消防水龙带对试验部位进行喷淋。外部检查打胶部位是否有脱胶现象，排水管是否排水顺畅，内侧仔细观察是否有水印、水迹。发现有局部渗漏部位必须认真做好记录查找原因及时处理，必要时可在墙板内侧加设一道聚氨酯防水提高防渗漏安全系数。

4.6 装配式混凝土结构工程的水电安装

4.6.1 预制混凝土墙板的预埋和预留

对于装配式混凝土剪力墙结构，其配电箱、等电位联结箱、开关盒、插座盒、弱电系统接线盒（消防显示器、控制器、按钮、电话、电视、对讲等）及其管线；空调室外机、太阳能板等设备的避雷引下线等都应准确地预埋在预制墙板中；厨房、卫生间和空调、洗衣机等设备的给水竖管也应准确地预埋在预制墙板中。

4.6.2 预制混凝土叠合楼板施工的预埋和预留

电气管线预埋在楼板的混凝土叠合层中。因钢筋桁架叠合板电气接线盒已预埋好，混凝土叠合层浇筑前仅布置安装线管；PK 板电气接线盒需要开孔安装，并在混凝土叠合层浇筑前布置安装线管。

水暖水平管预埋在混凝土叠合层完成后的垫层（建筑做法）中，混凝土叠合层完成后及时铺设并与墙板预埋竖管对接；对于钢筋桁架叠合板下水管应该在预制厂预埋套管，PK 板应在混凝土叠合层浇筑前开孔安装套管。

4.6.3 预制混凝土墙板的水平和竖向对接

墙板安装完成后，即可进行横竖向管线对接。

4.6.4 防雷、等电位联结点的预埋

框架结构装配式建筑的预制柱是在工厂加工制作的，两段柱体对接时，较多采用的是套筒连接方式：一段柱体端部为套筒；另一段为钢筋，钢筋插入套筒后注浆。如用柱结构钢筋做防雷引下线，就要将两段柱体钢筋用等截面钢筋焊接起来，达到电气贯通的目的。选择柱体内的两根钢筋，测试盒内测试端子与引下线焊接。此处应在工厂加工预制柱时做好预留，预制构件进场时，现场管理人员进行检查验收。

对于装配式混凝土剪力墙结构，可以将剪力墙边缘构件后浇混凝土段内钢筋作为防雷引下线。

装配式构件应在金属管道入户处做等电位联结，卫生间内的金属构件应进行等电位联结，应在装配式构件中预留好等电位联结点。

整体卫浴内的金属构件应在部品内完成等电位联结，并标明和外部联结的接口位置。

为防止侧击雷，应按照设计图纸的要求，建筑物内的各种竖向金属管道与钢筋连接，部分外墙上的栏杆、金属门窗等较大金属物要与防雷装置相连，结构内的钢筋连成闭合回路作为防侧击雷接闪带。均压环及防侧击雷接闪带均须与引下线做可靠连接，预制构件处需要按照具体设计图纸要求预埋连接点。

4.6.5 预制整体卫生间的预埋和预留

预制整体卫浴是装配式结构最应该装配的预制构件部品，不仅将大量的结构、装饰、装修、防水、水电安装等工程量工厂化，而且其同层排水做法彻底解决了本层漏水必须上层维修的邻里纠纷（甚至引起法律纠纷）的重大疑难问题。

由于预制整体卫浴结构形式多样，整体安装措施此处就不详述了。但应该看到具有同层排水功能的整体卫浴极大地简化了水电安装的工程量，仅仅是连接给水、排水两根管子和电源而已。

4.7 灌浆施工

4.7.1 灌浆套筒连接灌浆

套筒灌浆连接的工作原理是：将需要连接的带肋钢筋插入金属套筒内"对接"在套筒内注入高强早强且有微膨胀特性的灌浆料，灌浆料凝固后在套筒筒壁与钢筋之间形成较大

压力，在钢筋带肋的粗糙表面产生摩擦力，由此传递钢筋的轴向力。

套筒分为全灌浆套筒和半灌浆套筒。全灌浆套筒是接头两端均采用灌浆方式连接钢筋的套筒；半灌浆套筒是一端采用灌浆方式连接、另一端采用螺纹连接的套筒。

套筒灌浆连接是装配式混凝土建筑竖向构件连接应用最广泛，也被认为是最可靠的连接方式。水平构件如梁的连接偶尔也会用到。套筒灌浆连接可适用于各类装配式混凝土建筑结构。

由于我国装配式混凝土建筑结构形式特点和现阶段现场操作水平所限，我国在实际应用灌浆套筒的过程中，其灌浆的密实度受到人们的诟病。因此，本书着重介绍在实际应用过程中效果较好的"微重力流补浆"技术。

1. 准备工作

在技术准备上，技术人员应明确套筒灌浆技术参数、工艺测试、套筒灌浆可行性分析以及施工效果等，并且应根据设计文件、现行标准规范和批准后的专项施工方案，向现场管理人员和灌浆班组所有人员进行技术交底。灌浆施工前，应确认灌浆套筒接头的相关文件材料齐备，包括有效形式检验报告、接头工艺检验等。

在材料和设备的准备上，应确保使用的灌浆料、座浆料符合项目和相关规定要求，准备专用注浆的设备以及器具，包括电动灌浆泵或手动灌浆枪、搅拌机、电子秤等测量器具等。同时保证灌浆料圆截锥试模、抗压强度试模等符合规定，抗压强度试模应尽量采用钢制试模，以保证试块尺寸的精确度。

在人员准备上，一般每个班组配备两名操作工人，并要求受过专项培训，合格后持证上岗。

在作业条件准备上，应在预制构件进场检查和吊装前检查的基础上，再次确认灌浆套筒以及灌浆管、出浆管内有无杂物，可采用空压机向灌浆套筒的灌浆孔吹气进行检查，并吹出杂物。

2. 座浆或分仓

根据后续采取的灌浆方法的不同，如连通腔灌浆法或单套筒灌浆法，在预制构件吊装前，应对其落位点进行相关的分仓和座浆工序。当采用单套筒灌浆法时，应在预制构件吊装前，首先湿润楼面，并保证无积水，再对预制构件落位面进行座浆处理，必须采用专用座浆料进行座浆，底部座浆层厚度宜为 20mm，且不大于 30mm。

一般而言，预制剪力墙截面较长，采用连通腔灌浆法灌浆时，往往需要对其截面范围进行分仓处理。应采用专用座浆料进行分仓，单仓长度不宜大于 1.5 m，为防止遮挡套筒孔口，距离连接钢筋外缘应不小于 4 cm。

3. 封缝

目前，采用较多的仍然为连通腔灌浆，在灌浆前需要对拼缝处进行封缝处理，形成密闭的灌浆空间。封缝时，地面须清扫干净，洒水润湿；采用专用内衬条，内衬条规格尺寸须根据缝的大小合理选择，确保内衬有效；填塞厚度约深 1.5~2cm，一段封堵完后静置约 2min 后抽出内衬，抽出前须旋转内衬，确保不沾黏。各面封缝要保证填抹密实，待封缝料干硬强度达手碰不软塌变形再进行后续工序施工。填抹完毕确认干硬强度达到要求后才可进行灌浆。

对于截面较为规整的柱来说，也可采用在柱底接缝外圈设置围护的方式进行封缝，避免灌浆压力过高导致"爆仓"现象的出现。

4. 灌浆料制备

在制备灌浆料时，首先应打开灌浆料包装袋并检查灌浆料有无受潮结块或其他异常情况。确认无误后，应严格按照灌浆料使用说明书中规定的水灰比例，计算相应灌浆使用量所需的浆料粉和清洁水用量。先将水倒入搅拌桶，然后加入约 70% 料，用专用搅拌机搅拌 1~2min 大致均匀后，再将剩余料全部加入，再搅拌 3~4min 至彻底均匀。搅拌均匀后，静置 2~3min，使浆内气泡自然排出后再使用。

5. 灌浆料检查

每班组在灌浆施工前，应进行灌浆料初始流动度检验，记录有关参数，流动度合格方可使用。预先用潮湿的布擦拭玻璃板或光滑金属板及截锥圆模内壁，并将截锥圆模放置在玻璃板中心（玻璃板应放置水平），然后将拌好的灌浆料迅速倒满截锥圆模内，浆体与截锥圆模上口平齐。徐徐提起截锥圆模，灌浆料在无扰动的条件下自由流动直至停止。用尺测量底面最大扩散直径及其垂直方向的直径，计算平均值，作为流动度的初始值，测试结果精确到 1mm。流动度初始值测量完毕后 30min，重新按上述步骤测取流动度 30min 保留值，并记录数据。初始流动度应大于 300mm 方可使用。

采用 40mm×40mm×160mm 三联试块模制作灌浆料强度试块，应尽量采用钢制试模，保证试件精确度，每三联试块模为一组，每组三块；同一楼层应不少于三组标养试块及一组同条件试块；倒入灌浆料前，应刷涂一层脱模剂，便于取出试件；为防止材料的离散性造成的材料强度检测不合格，现场每层可多留置三组强度试块，以备验证使用。

6. 正式灌浆

根据预制柱下或预制墙底分仓的独立灌浆空腔情况，选择距离较远的下部灌浆孔和上部出浆孔，分别作为该独立灌浆空腔的灌浆孔和微重力流补浆孔；若存在高位排气孔，则应选择最高的排气孔作为微重力流补浆孔；对于单套筒灌浆的预制剪力墙或预制柱，每个套筒的出浆孔均作为微重力流补浆孔。在上部微重力流补浆孔上，安装透明补浆观察锥斗。透明补浆观察锥斗可采用弯管、塑料瓶等材料进行制作。除用于灌浆的下部灌浆孔外，其余套筒的下部灌浆孔应采用专用堵头或木塞堵牢。

每次开始灌浆工作时，灌浆机首次倒入灌浆料前，干净的灌浆机应采用清水循环一遍，充分湿润。倒入静置后的灌浆料后，再次循环一遍，以便灌浆料充分湿润灌浆机。

用灌浆枪嘴插入下部灌浆孔，进行压力注浆，灌浆应连续，不得中途停顿时间过长，如发生再次灌浆时，应保证已灌入的浆料有足够的流动性后，还需要将已经封堵的出浆孔打开。当套筒的上部出浆孔开始流出浆料后，待其形成完整的出浆股流时，将该出浆孔进行塞堵。

连续压入灌浆料，待所有套筒的出浆孔均塞堵完成后，继续压浆，使得透明补浆观察锥斗内出现浆料，并使得锥斗内灌浆料液面高于出浆孔上切面 200mm，方可停止压浆。随后应保持观察 15~30min，实时观测灌浆料高度与下沉情况，及时做出相应处理措施，并应符合下列要求：当灌浆料在补浆观察装置中液面稳定且不下降时，则灌浆饱满、灌浆结束；当灌浆料在补浆观察装置中液面下降到出浆孔切面以上前，液面保持稳定且不再下降，则灌浆饱满、灌浆结束；当灌浆料在补浆观察装置中液面下降到出浆孔切面以下，应通过向锥斗内增加灌浆料进行人工二次补浆操作，补浆过程中应保持锥斗内灌浆料液面高于出浆孔上切面 200mm，通过观察，当灌浆料液面满足前述两款要求时，则灌浆饱满，灌浆结束。

4.7.2 浆锚搭接连接灌浆

浆锚搭接的工作原理是：将需要连接的钢筋插入预制构件预留孔内，在孔内灌浆固定该钢筋，使之与孔旁的钢筋形成"搭接"。两根搭接的钢筋被螺旋钢筋或者箍筋约束。

浆锚搭接连接按照成孔方式可分为螺旋内模成孔浆锚搭接、金属波纹管浆锚搭接和集中束浆锚连接。螺旋内模成孔浆锚搭接在混凝土中埋设螺旋内模，混凝土达到强度后将内模旋出，形成孔道，并在钢筋搭接范围内设置螺旋筋形成约束；金属波纹管浆锚搭接通过埋设金属波纹管的方式形成插入钢筋的孔道；集中束浆锚连接一般通过金属波纹管成孔，孔道中插入构件的竖向钢筋束，孔道外侧采用螺旋箍筋约束。

采用浆锚搭接的预制剪力墙构件在起吊前，应湿润灌浆孔，预制剪力墙吊装完成后，及时进行灌浆作业。浆锚搭接连接多采用上端预留孔直接灌入灌浆料工艺，灌浆料应采用专用浆锚搭接用灌浆料。浆锚搭接灌浆料的制备可参照钢筋套筒灌浆料的制备，预制墙底的座浆或分仓、封缝等工艺。采用连通腔灌浆时，一般从低位孔灌入，当浆料从高位孔成股漫出灌浆孔后，及时采用堵塞封住灌浆孔，并停止灌浆。在其后 30min 内，应检查已完成的灌浆孔，若出现胶料回落的情况，应及时补浆，保证钢筋的锚固长度。

4.7.3 灌浆作业要点

1. 灌浆前准备工作

第一，灌浆前，向项目负责人通报灌浆栋号、楼层及位置，批准后进行灌浆作业，并通知监理人员进行旁站监督。

第二，检查灌浆搅拌工具和灌浆机械是否完好清洁、材料是否齐全。灌浆前要对灌浆设备进行灌水调试，确保灌浆机运行正常。

第三，检查预制构件所有孔洞是否畅通，如遇孔洞堵塞，需要进行处理。

第四，进行接缝封堵及分仓作业，待达到一定强度后再进行灌浆作业。

第五，制备灌浆料，并进行初始流动度检测。

2. 竖向预制构件套筒灌浆作业要点

第一，将灌浆机用水湿润，避免设备机体干燥，吸收灌浆料拌和物内的水分，影响灌浆料拌和物流动度。

第二，将搅拌好的灌浆料拌和物倒入灌浆机料斗内，开启灌浆机。

第三，待灌浆料拌和物从灌浆机灌浆管流出，且流出的灌浆料拌和物为"柱状"后，将灌浆管插入需要灌浆的预制剪力墙或预制柱的灌浆孔内，并开始灌浆。

第四，剪力墙或柱等竖向预制构件各套筒底部接缝连通时，对所有的套筒采取连续灌浆的方式，连续灌浆是用一个灌浆孔进行灌浆，其他灌浆孔、出浆孔都作为出浆孔。

第五，待出浆孔出浆后用堵孔塞封堵出浆孔，封堵时需要观察灌浆料拌和物流出的状态，灌浆料拌和物开始流出时，封堵塞倾斜 45°角放置在出浆孔下面，待出浆孔流出圆柱体灌浆料拌和物后，将封堵塞塞紧出浆孔。

第六，待所有出浆孔全部流出圆柱体灌浆料拌和物并用封堵塞塞紧后，灌浆机持续保持灌浆状态 5~10s，关闭灌浆机，灌浆机灌浆管继续在灌浆孔保持 20~25s 后，迅速将灌浆机灌浆管撤离灌浆孔，同时用堵孔塞迅速封堵灌浆孔，灌浆作业完成。

第七，当需要对剪力墙或柱等竖向预制构件的连接套筒进行单独灌浆时，预制构件安装前须使用密封材料对灌浆套筒下端口与连接钢筋的缝隙进行密封。

3. 水平钢筋套筒灌浆连接作业要点

第一，将所需数量的梁端箍筋套入其中一根梁的钢筋上或柱的伸出钢筋上。

第二，在待连接的两端钢筋上套入橡胶密封圈。

第三，将灌浆套筒的一端套入柱或其中一根梁的待连接钢筋上，直至不能套入为止。

第四，移动另一根梁，将连接端的钢筋插入灌浆套筒中，直至不能伸入为止。

第五，将两端钢筋上的密封胶圈嵌入套筒端部，确保胶圈外表面与套筒端面齐平。

第六，将套入的箍筋按图纸要求均匀分布在连接部位外侧并逐道绑扎牢固。

第七，将搅拌好的灌浆料拌和物装入手动灌浆枪，开始对每个灌浆套筒逐一进行灌浆。

第八，采用压浆法从灌浆套筒一侧灌浆孔注入，当灌浆料拌和物在另一侧出浆孔流出时停止灌浆，用堵孔塞封堵灌浆孔和出浆孔，灌浆结束。

第九，灌浆套筒灌浆孔、出浆孔应朝上，保证灌满后的灌浆料拌和物高于套筒外表面最高点。

第十，灌浆孔、出浆孔也可在灌浆套筒水平轴正上方±45°的锥体范围内，并在灌浆孔、出浆孔安装有孔口超过灌浆套筒外表面最高位置的连接管或接头。

4. 灌浆作业质量控制要点

第一，灌浆作业必须严格遵照施工专项方案进行。

第二，灌浆人员须进行灌浆操作培训，经考核合格并取得相应资格证后方可上岗作业。

第三，灌浆作业全过程须有质检员和旁站监理负责监督和记录。

第四，灌浆作业全过程须进行视频记录。

第五，灌浆前应检查灌浆套筒或浆锚孔的通畅情况。

第六，灌浆料搅拌时应严格按照产品说明书要求计量灌浆料和水的用量，搅拌均匀后，静置 2~3min，使灌浆料拌和物内气泡自然排出后再进行灌浆作业。

第七，按要求每工作班应制作一组灌浆料抗压强度试件。

第八，每班灌浆前，要进行灌浆料拌和物初始流动度检测，记录流动度参数，确认合格后方可进行灌浆作业。

第九，灌浆前应检查接缝封堵质量是否满足压力灌浆要求。

第十，灌浆料拌和物应在灌浆料生产厂给出的时间内完成灌浆作业，且最长不宜超过30min。已经开始初凝的灌浆料拌和物不能继续使用。

第十一，竖向钢筋套筒灌浆施工时，出浆孔未流出圆柱体灌浆料拌和物不得进行封堵，静置保持压力时间不得少于30s；水平钢筋套筒灌浆施工时，灌浆料拌和物的最低点低于套筒外表面不得进行封堵。

第十二，每个水平缝连通腔只能从一个灌浆孔进行灌浆，严禁从两个以上灌浆孔灌浆。

第十三，采用水平缝连通腔对多个套筒灌浆时，如果有个别出浆孔未灌满，应先堵死已出浆的孔，然后针对未出浆的孔进行单独灌浆，直至灌浆料拌和物从出浆孔溢出。

第十四，灌浆应连续作业，严禁中途停止。

第十五，冬期施工时环境温度宜在5℃以上。

第十六，灌浆作业应及时做好施工质量检查记录。

第十七，灌浆完成后，要对灌浆及搅拌设备进行彻底清洗，防止因残料干硬损坏设备。

4.8 现浇混凝土施工

4.8.1 现场模板工程

装配式混凝土结构现场施工中，由于采用了大量预制构件，所以现场的模板工程量相对而言大量减少，降低了在现场模板方面的成本，提高了现场现浇混凝土施工的效率。一般而言，装配式混凝土结构现场施工的模板集中于预制构件连接处。对于部分结构中整体构件现浇的部位，其模板搭设可参照现浇结构的模板搭设要求。

预制叠合板的采用，可节省大量常规现浇混凝土结构的板底模板，具有显著的提质增效的作用。然而，在目前迅速推广装配式混凝土结构应用的阶段，不少施工单位缺乏经验，采取保守措施，仍然在预制叠合板下部设置完整的模板，造成浪费，应尽量避免。实际上，预制叠合板的应用，不但可减去板底模板，相对于现浇混凝土板下支撑，预制叠合板下的临时支撑也可以拉大距离，进一步提高现场的施工效率。

预制叠合板之间存在着窄拼缝和宽拼缝两种形式，窄拼缝间距较小，可采用黏贴胶条或打发泡胶等方式，封住窄拼缝，浇筑混凝土时即可起到防止该部位混凝土渗漏的作用。对于宽拼缝，其间距一般都在120mm以上，该部位需要额外设置模板，常规可在宽拼缝设置木模板，并搭设独立支撑。亦可采用类似吊模的做法，通过上部搭设扁担筋来吊住该部位处的模板。

预制剪力墙之间拼缝采用的模板可参照常规现浇混凝土墙的模板，重点在于采用胶条等措施将模板与预制混凝土构件间的缝隙封堵完全，避免混凝土流出污染预制构件。一般而言，预制墙相关的现场模板可采用墙边埋置螺栓的方式固定模板，亦可设置对拉螺栓，对拉螺栓间距一般不宜大于 600mm，上端对拉螺栓距模板上口不宜大于 400mm，下端对拉螺栓距模板下口不宜大于 200mm。对于预制混凝土模板墙（PCF），则往往需要设置背楞及对拉螺杆，避免预制混凝土模板在混凝土浇筑时产生裂缝甚至发生破坏。

预制梁、柱连接区模板往往较小，且相对零散，采用木模板搭设时，应注意对拉螺栓的设置，保证预制梁、柱连接区的模板刚度，提高该区域的混凝土成型质量和观感。

由于装配式混凝土建筑规格化、模数化程度高的特点，预制构件之间的连接区域的模板实际上可做到一定程度统一，这为现场模板的工具化、重复化奠定了基础。因此，装配式混凝土结构现场连接区域的模板应鼓励采用钢模板、铝模板等，使得其成为规格化工具，达到操作方便、施工高效、周转次数高、使用寿命长、回收价值高、施工质量好、节能环保等目的，进一步减少木模板的使用，这是实现模板工程绿色化发展的一个重要方向。

对于装配式混凝土结构现场模板的控制精度无专门规定，可参照现浇混凝土相关模板控制标准。

4.8.2　现场钢筋工程

装配式混凝土结构由于已安装的预制构件影响，现场的钢筋绑扎相较普通现浇混凝土结构而言难度略大，但钢筋绑扎工作量大大降低。在现场钢筋绑扎前，应先校正预制构件上的预留锚筋、箍筋位置及箍筋弯钩角度。预制剪力墙垂直连接节点暗柱、剪力墙受力钢筋采用搭接绑扎，搭接长度应满足规范要求。预制叠合梁钢筋绑扎时，应在箍筋内穿入上排纵向受力钢筋，主、次梁钢筋交叉处，主梁钢筋在下，次梁钢筋在上。预制叠合板相关钢筋绑扎时，当预制叠合板底分布钢筋不伸入支座时，宜按设计要求在紧邻预制板顶面的后浇混凝土叠合层中设置附加钢筋，在板的后浇混凝土叠合层内锚固长度不应小于 15d（d 为纵向受力钢筋直径），在支座内锚固长度不应小于 15d 且宜伸过支座中心线。

预制构件间的竖向钢筋连接，当采用钢套筒浆锚连接时，因为伸入钢套筒的钢筋两侧预留的间隙在 6~8mm，因此预制叠合板钢筋绑扎完成后，应对预制剪力墙、预制柱等竖向构件的竖向受力钢筋采用钢筋限位框对预留插筋进行限位，以保证竖向受力钢筋位置准确。浇筑叠合楼板的板面混凝土时，还应采用措施防止整体移位。钢筋限位框应采用刚度和强度较大的钢板、40mm×40mm×3mm 以上规格的角钢及钢套管等焊接而成，确保可有效约束相应的竖向钢筋在混凝土浇筑和振捣时产生的扰动，这是保证后续吊装和灌浆工序顺利进行的重要措施，也是保证工程质量的关键之一。然而，目前施工现场尚有一些不合格的钢筋限位框出现，应避免。

装配式混凝土结构钢筋绑扎常规部位可参照现浇混凝土结构钢筋绑扎相关要求实施，关键部位的允许偏差应符合规定。

第 5 章　装配式混凝土结构连接检测

装配式混凝土建筑是结构系统由混凝土部件（预制件）构成的装配式建筑。"预制混凝土构件要通过可靠的连接方式装配而成，才能形成装配式混凝土结构。"[①] 在全面推进装配式混凝土建筑的同时，建筑施工质量尤为重要，要保证装配式混凝土建筑质量，预制混凝土构件之间的连接施工质量是至关重要的一个环节。

5.1　装配式混凝土结构连接节点质量检测概述

5.1.1　装配式混凝土结构的连接技术研究

装配式混凝土结构中构件的连接一般都是采用钢筋连接的技术，这种技术能够有效地将节点处的构件可靠地连接起来，使得节点满足设计与施工的要求。用钢筋进行连接的施工工艺能够满足构件承受荷载与传递荷载的要求，实现单位构件受力的折减，增强结构的刚度与强度，也容易满足施工质量的要求，具有一定的优势。在施工现场一般采用灌浆套筒的方式进行连接来满足具体要求。

1. 灌浆套筒连接

灌浆套筒技术来自德国，该项技术一开始应用于施工过程中预制桩的连接，并取得了良好的效果，所以在后期使用过程中不断优化与完善，直到能够应用于钢筋的连接。这种技术的工艺是首先通过套筒将钢筋植入混凝土结构当中，然后浇灌结构材料，使得结构与钢筋能够稳定连接。一般来说在施工过程中会受到一定的影响，所采用的原料也优选带肋钢筋，由于不同的厂家技术水平参差不齐，在施工的过程中需要对施工的参数进行一定的调整来保证施工质量。根据经验，钢筋在施工中有被拉断的案例，但是拉断的钢筋一般都在套筒外侧，不会伤害到结构构件的内部，所以，应当制定统一的工艺标准，加强施工人

---

①黄健，钟言鸣，陈清．装配式混凝土钢筋套筒灌浆连接检测分析．工程质量．2019，37（09）：43-46.

员的培训，杜绝钢筋变形与损坏对建筑质量造成影响的情况出现。

2. 浆锚搭接

浆锚搭接的施工工艺指的是将需要连接的钢筋插入预制墙板底部的孔洞，然后通过高压注浆的方法来实现钢筋之间的有效连接，这种连接分为浆锚间接搭接法与约束浆锚搭接法。浆锚间接连接这项技术是从国外引进的一项纵向钢筋连接技术，在进行浆锚搭接施工之前，规定应当先对所采用的钢筋进行力学性能检验，由于我国的这项技术尚不成熟，因此需要厂家提供材料的检测报告并通过专家的论证，以确保技术的施工质量满足现场要求。

3. 焊接连接

我国在施工中使用最多的是焊接连接的施工技术，但是采用焊接施工后连接的钢筋需要被隐蔽，因此不易检查，而且采用焊接的连接方式对抗震性能也有一定的影响，所以如果施工的地区属于需要考虑抗震的地区需要进行抗震设计与计算，因为地震影响，构件可能出现破坏与连接处的损坏。焊接技术的优点是能够极大限度减少混凝土的用量，有效缩短施工的工期，当然这项技术的发展潜力还是很大的，只要能够合理解决连接抗震的问题，应用范围更广，目前常常使用热处理的方法消除焊接的残余应力。

5.1.2 装配式混凝土结构连接节点质量检测的现实意义

现阶段，装配式混凝土结构连接节点质量检测地位不断提升，促使各类质量检测技术发展。现有的质量检测工作已经不再是单纯意义上的质量检测，而是融合了安全检验和安全监督。通过质量检测的把关，提高施工环境和生产条件水平，保证安全生产目标的实现。不过装配式混凝土结构质量检测方面，还存在着些许问题，尤其是连接节点位置的质量检测，使得检测技术的应用优势和作用未能得到发挥。基于此，深度分析此课题，针对当前技术困惑，提出相应的解决措施，为质量检测工作的开展提供保障，有着重要的意义。

5.2 灌浆质量检测

钢筋套筒灌浆连接是装配式混凝土工程的核心，就工艺特点和使用材料的构造来看，要制定出一套完备的技术指导书，以确保施工质量。施工所需的构件全部是制作完成以后再运输到施工现场，由现场的技术人员临时安装使用。钢筋套筒灌浆连接在该结构的连接过程中起着非常重要的作用。

5.2.1　灌浆密实性检测

灌浆料密实性及缺陷检测技术可分为无损检测技术和微（破）损检测技术，无损检测技术主要有预埋原件法、X 射线法、机械波法和电路法，微（破）损检测技术主要有成孔内窥镜法和原位取样法。

1. 预埋原件法

（1）预埋钢丝拉拔法

专用钢丝从套筒出口水平延伸至套筒出口侧的钢筋表面。带橡胶塞的特殊钢丝的通风口直接位于其上方。确保胶塞上的排气孔畅通，充填料时浆液能从排气孔流出，及时用细木棒堵塞，所连接的空腔用于完成灌浆。采用自然养护法养护预埋钢丝灌浆构件，确保钢丝不被损坏。拉拔时，采用拉拔仪连续均匀施加拉拔荷载，直至钢丝被完全拔出，记录极限拉拔荷载。通过对测点数据进行分析判断测点对应套筒灌浆是否饱满。

（2）预埋传感器法

①预埋压电传感器。灌浆套筒一般深埋于混凝土中，导致超声波在传播过程中出现严重的衰减。为了避免超声波在混凝土中传播时产生的衰减，绕过外层的混凝土，内埋压电传感器是一个很好的解决方法。

基于压电传感器常用的检测方法主要有压电阻抗法和波动法。压电阻抗法利用压电传感器良好的机电耦合特性，结构内部灌浆套筒灌浆密实程度不同时，结构的机械阻抗将会不同，粘贴在结构上的压电材料的压电阻抗也会不同。波动法则是利用压电材料产生的应力波在结构内部传播特性来判断结构内部状态。

预埋压电传感器的方法不仅避免了超声波在外部混凝土中传播面临的衰减问题，还克服了传统检测方法只能检测灌浆套筒单排布置的情况。预埋传感器还可以实现对结构内部状态的实时监测，使用无线传感器可以实现对结构的远程的监测，对于不方便人工到达的隐蔽部位的检测有重要意义。目前对于该方法的研究还比较少，压电传感器的布置方式以及传感器的保护还需要进一步研究。

②预埋阻尼振动传感器。当周围介质的弹性模量不同时，阻尼振动传感器的振动衰减程度将会不同。当灌浆饱满时，传感器被灌浆体包围，振动衰减比较快。当灌浆不密实时，传感器就没有被灌浆体包围，振动的衰减变化不明显。

预埋阻尼振动传感器操作简单，可以进行施工过程中灌浆质量的检测，对于灌浆不密实的情况能够及时发现，及时补灌。该方法的缺点是检测位置局限，只能将传感器布置在出浆口的位置，对单点联合灌浆的情况其它位置的套筒灌浆质量无法判断。同时，如果灌浆完成后发生浆体泄漏，传感器上面残留的浆体固化，也可能会导致结果误判。

2. X 射线法

X 射线检测技术已经非常成熟，射线检测具有结果直观明了和检测结果准确等特点，广泛应用于工业中的焊缝检测和铸件缺陷检测。通过针对套筒内出现的缺陷型式的研究，发现灌浆缺陷主要出现在套筒上部灌浆料整体缺失，针对这一缺陷类型，结合现有 X 射线检测技术，可以开展钢筋套筒灌浆连接灌浆密实度的试验研究。

X 射线是一种电磁波，可以穿过可见光不能穿过的物体。当射线穿过被检测物体时，由于缺陷对 X 射线的吸收（X 光在缺陷处的衰减系数与没有缺陷处的是不同的）量与不存在缺陷处物质对 X 射线的吸收量存在差异，从而造成透射量不同，在感光屏上显现出不同黑度的图像，射线透射越少底片成像越亮，透射越多底片成像越黑。

（1）X 射线 CT 法

X 射线 CT 法检测灌浆料饱满度是利用计算机断层成像技术，从检测套筒内部得到二维断层或三维立体图像，再利用图像灰度来辨别内部结构及缺陷情况的检测方法。X 射线 CT 法可用于厚度<150mm 混凝土套筒灌浆密实度检测，及厚度<200mm 预制混凝土剪力墙内部居中或梅花形布置的灌浆套筒外形、钢筋形态、接头部位、灌浆密实区和未灌浆区的界定检测。

目前，X 射线工业 CT 法已在实验室实现了套筒灌浆质量有效检测，但由于检测设备过于庞大，还未能进行工程现场检测。X 射线 CT 法是目前效果最佳的无损检测技术，结果不受材料种类、外形、表面状况的影响，并可得到三维图像。

（2）便携式 X 射线法

根据图像处理方式不同，可分为 X 射线数字成像法、X 射线胶片成像法。X 射线胶片成像法能对单排居中或梅花形布置套筒灌浆缺陷进行明确判定，但无法对墙体厚度>230mm 的套筒灌浆缺陷进行检测。X 射线数字成像法基于 X 射线探伤原理，用 X 射线透照构件，直接成像来判定套筒灌浆饱满性和密实性，相较于 X 射线胶片成像法，成像环节少，图像清晰度高，更为方便。对预制剪力墙内单排居中或梅花形布置的套筒灌浆，X 射线数字成像法较为有效。

目前，便携式 X 射线法对套筒灌浆质量检测的研究较为充分，具有无须预埋元件、便携性好优点，但该方法具有一定辐射，实际应用时须做好现场安全防护措施。同时由于 X 射线法的图像处理是通过计算机将检测数据转换成图像数据，对计算机算法要求很高，当前技术在降噪和增强过程中易造成缺陷的信息丢失，影响成像质量，未来应该进一步研究改进图像降噪和增强的相关计算机算法。

X 射线法设备精密且昂贵，操作也相对复杂。在实际工程中使用，若直接购买，成本巨大。针对工程中须使用 X 射线法的困难检测工况，租借 X 射线设备和聘用相关技术人员辅佐检测，既能保证仪器安全使用，能很好地控制检测成本。

3. 机械波法

（1）超声波法

超声波检测的基本原理是借助于超声波换能器发射声波，声波换能器能将其他形式的能转化成振动能量，继而由超声波换能接收器接收到发射端的信号，再将振动形式的能量转化为可供分析的数据信号，继而在数显仪上显示出来。当超声波在传播过程中遇到障碍时，传播路径改变，其能量也会逐渐耗散，因此波速、振幅和频率都会发生变化。当灌浆料中存在空洞等缺陷时，超声波将绕过缺陷区沿时程最短路径传播，以此来检测灌浆缺陷。

（2）冲击回波法

冲击回波法（也称 IE 法）是利用钢球冲击待测体表面产生脉冲，脉冲在物体内部不断发射，在内部缺陷和边界处，反射波在内部缺陷和外部边界之间重复反射形成谐振条件。基于表面波在混凝土表面和缺陷之间的来回共振，可以由共振频率来推算出缺陷具体位置。冲击回波法中表面波会在缺陷体和混凝土表面来回反射，若缺陷太深则反射波震动能量会降为很低，无法对其频谱进行精确分析，因此，冲击回波法无法应用于深度过大的缺陷检测。由于受检测深度的限制，因此冲击回波法能否适用有待商榷。

4. 电路法

（1）电阻法

灌浆料主要是由水泥基与细集料再辅以消泡剂、增强剂、增稠剂、聚羧酸减水剂等共同组成，性状为粉状，加少量水后经过充分搅拌可成高流态流体，不同灌浆料水料比不同，由于水的加入致使灌浆料电阻值急剧下降，灌浆料在凝结硬化过程中电阻会发生变化，为在套筒内部提前预埋两个相互独立的电极进行套筒灌浆密实度的检测提供了可能。

灌浆套筒内部灌浆工况有三种情况：1. 对于初始灌浆不饱满的工况，由于空气的电阻非常大，因此认为该电路为断路，电路中没有电流通过；2. 当灌浆套筒内部灌浆料充满灌浆套筒后，由于种种因素导致漏浆，使得灌浆套筒上部灌浆料缺失，灌浆料液面回落，但裸露金属探头、带有绝缘皮探针、基座下表面会黏附一定量的灌浆料；3. 灌浆套筒内灌浆没有缺陷，灌浆饱满。由于三种灌浆工况下电流的流经路线是不同的，因此它们的电阻值有一定的区别。

（2）压电阻抗法

压电阻抗法是利用压电材料压电效应，将压电元件置于结构表面或内部，根据其返回的电信号来判断损伤状态。压电阻抗法在结构损伤识别与检测中应用较为广泛，对于灌浆饱满性检测尚处于研究阶段，需要进一步深入研究。

5. 内窥镜法

利用带尺寸测量功能的内窥镜，在灌浆前和灌浆后对套筒内部进行观测，根据观测结果判断套筒内钢筋插入长度及灌浆饱满度的方法。出浆孔道有非直线形和直线形。对非直线形出浆孔道，采用套筒壁钻孔内窥镜法；对直线形出浆孔道，可采用预成孔内窥镜法或出浆孔道钻孔内窥镜法，必要时也可采用套筒壁钻孔内窥镜法。

6. 套筒原位取样法

该方法结果准确直观，但对结构有较大损坏。另外，取出钢筋套筒连接接头后，须对取出部位进行修复，修复施工有效性有待检验。

5.2.2 灌浆强度检测

行业标准《钢筋连接用套筒灌浆料》（JG/T 408-2019）对灌浆料的性能做出了明确的规定，但是在实际施工中，存在使用劣质或过期灌浆料；回收利用超过初凝时间的灌浆料；误用坐浆料和水泥砂浆以及为了增加灌浆速度随意增大水料比等现象，以上均会使灌浆料质量出现问题，导致灌浆料强度不足，达不到规范要求，灌浆料强度不足，则灌浆后灌浆料收缩较大，在套筒顶部形成凹面、出现浮浆，严重影响钢筋的黏结锚固。

这里介绍采用表面回弹法检测灌浆料实体强度。检测原理如下：利用灌浆料抗压强度与其表面硬度存在一定的相关关系，采用里氏硬度计对灌浆孔道或出浆孔道内的灌浆料外端面进行硬度测试，获取表面里氏硬度值，再根据建立的测强曲线推定灌浆料的抗压强度。

检测方法：对预制构件中的套筒进行灌浆施工，待灌浆孔道或出浆孔道有浆料流出后，采用兼作灌浆料检测面成型模具的橡胶塞进行封堵，橡胶塞应具有平整的塞入端端面。在灌浆连接施工完成并达到规定龄期后，将橡胶塞从孔道中取出，橡胶塞取出后露出孔道内的浆料面，将该浆料面作为灌浆料检测面，并记录为测点。检查孔道内灌浆料检测面的表观质量，如果浆料饱满、表面光洁、平整且无明显气孔，则进行下一步检测操作，否则更换测点。采用 DL 型里氏硬度计对灌浆料检测面进行测试，获取表面里氏硬度值，再根据建立的测强曲线推定灌浆料的抗压强度。

5.3　钢筋锚固（插入）深度检测

装配式混凝土结构的预制构件在制作过程中，会出现套筒定位偏差、预留连接钢筋定位偏差等现象；在混凝土振捣过程中，固定措施不到位也会导致套筒和连接钢筋的移动；预制构件在吊装过程中定位及标高调整时的施工误差，以及上部构件如预制柱插入前预留连接钢筋被碰撞。以上原因都会使连接钢筋产生偏心，导致套筒和预留连接钢筋无法精确对中。偏心严重时，需要将连接钢筋强行弯折插入套筒中，有的操作不规范的人员甚至会切断部分连接钢筋来保证构件的对位，这将会导致套筒内连接钢筋伸入深度不足。

钢筋的偏心不仅影响预制构件间的对位，也影响连接的受力性能，钢筋的非垂直受力会产生额外的弯矩和剪力，对整体结构受力产生危害，同时钢筋的偏心使得钢筋未处于灌浆料的中心，导致钢筋一侧的灌浆料浆体过于单薄，降低灌浆料对钢筋的黏结作用。

这里介绍利用内窥测量法检测连接钢筋插入深度。检测原理如下：在预制构件现场拼接完成后、套筒灌浆施工前，连接钢筋的插入深度即已固定，且便于进行内窥镜检测，利用套筒尺寸精度高的特点，将测量连接钢筋的插入深度转化为测量连接钢筋插入段末端与半灌浆套筒出浆口中心位置或全灌浆套筒中部限位挡卡的相对距离，通过三维立体测量内窥镜准确测量上述相对距离，计算出连接钢筋的插入深度。

限于篇幅，本文仅介绍全灌浆套筒钢筋接头中连接钢筋插入深度的检测方法，并以全灌浆套筒灌浆口端钢筋的插入深度检测为例。方法如下：采用直径 4mm 的前视三维立体测量镜头，将三维立体测量内窥镜的探头直接从预制构件表面的出浆口伸入出浆孔道内，在出浆孔道与套筒的交接位置弯曲向下，利用出浆口端钢筋与套筒内壁之间 8mm 左右宽的间隙继续向下推进伸入，控制探头导向弯曲寻找成像位置，并通过三维立体测量内窥镜对套筒内的限位挡卡以及限位挡卡下方的灌浆端钢筋进行成像，当选择位置的成像清晰时，拍摄得到 3D 图像。然后选择图像中限位挡卡上表面的三个点，将选择的三个点形成的平面定义为基准平面，接着选择第四个点，第四个点定位在灌浆端钢筋插入段的末端表面，计算末端表面到基准平面的垂直距离。通过限位挡卡上表面至灌浆套筒底部的距离与上述垂直距离之差得到灌浆端钢筋的插入深度。

5.4　预制节段拼装结构套筒连接检测

预制拼装技术由于其周期短、质量高的特点，目前已经广泛应用于桥梁工程中，其构件之间的连接主要有湿接缝连接、后张预应力连接、灌浆套筒连接等方式。其中，灌浆套筒连接是目前预制拼装结构较常用的连接方式，正常使用下的力学性能与传统现浇混凝土桥墩类似。其主要原理是在金属套筒中插入带肋钢筋并注入灌浆料拌和物，通过灌浆料硬化形成整体并实现传力。

采用套筒灌浆连接时，灌浆密实性会影响接头的质量及传力性能，决定了预制拼装结构的抗震性能和整体性。钢筋套筒灌浆连接结构复杂、构件精度不高、现场保护措施缺乏，灌浆人员培训不足等原因容易造成钢筋套筒堵塞、灌浆不密实。

目前，为了控制钢筋套筒灌浆连接的质量，手段主要有制作试件进行强度试验，以及施工监理进行监督，对于套筒灌浆饱满度无法有效保证。预制节段拼装结构套筒连接检测可以参考前面灌浆质量检测。

5.5　预制构件结合面缺陷检测

装配式混凝土建筑是指建筑构配件在工厂预制完成后，运送至施工现场，再通过可靠连接而组成的结构。与现浇混凝土建筑相比，装配式混凝土建筑具有预制构件工厂化生产，生产效率高，施工方便，现场湿作业少，节省模板，缩短工期等优点。

5.5.1　装配式叠合楼板结合面缺陷检测

装配式板的形式多采用桁架钢筋混凝土叠合楼板，叠合楼板构造是先在工厂预制模板上配置下部受力筋、构造筋和上部支撑桁架筋，然后浇筑混凝土，制成预制底板，待混凝土强度达到设计要求时运送到施工现场，再配以上部钢筋和浇筑混凝土而组成的板。

桁架钢筋混凝土叠合楼板由预制底板和现场后浇叠合层组成。叠合楼板作为一种二次成型的构件，预制底板与后浇叠合层的共同工作性能是保证叠合楼板受力性能的关键因素，因此，预制底板与后浇叠合层结合面的结合质量显得尤为重要。但实际后浇层施工作业中，由于施工人员素质、机械材料、施工工艺、施工环境等因素的影响，常常引起结合面出现不同程度的缺陷。对结合面缺陷检测的研究具有重要意义。

1. 叠合楼板施工技术的应用

（1）节约施工时间

装配式叠合板施工的很多工作内容都可在工厂完成，因此可以根据工期要求提前完成预制部分，现场的叠合板施工部分很少，花费的时间较少，因此可以有效缩短工程的施工周期。其次装配式叠合板施工简化了很多工序，无须进行底模的安装拆除，现浇工作量也大为减少，从工序上来说，大大加快了施工进度。此外由于施工操作较为简单，装配化施工的管控更为严格，不仅提高了工效，也能减少施工问题的出现，从而可以保障按时完工。

（2）合理控制施工成本

一方面由于可以节省施工时间，保障工期，从而节约不少的人工成本，也可避免因工期延误而造成经济损失；另一方面由于工序简化，很多环节的支出可以省掉，如节省了支撑及模板等周转材料的费用。此外装配式叠合板施工技术和管理体系更为先进，可以优化现场组织设计，保障现场良好的施工秩序和合理的资源分配，从而使工程投资用之有道，且最大化发挥作用，降低资源的无效使用，进而从减少非必要的支出、降低施工费用、合理利用资金等角度来提升工程效益，使各参建企业获得更高的回报。

（3）减少质量问题

建筑行业的施工技术有多种，对比钢筋混凝土现浇施工来说，不仅有复杂的模板安装和钢筋绑扎环节，而且由于浇筑量较大，现场浇筑时的搅拌、运输、浇筑、振捣、养护等环节的质量管控较难，很容易出现收缩、温差裂缝等质量通病，而装配式叠合板施工技术相对更加简单，在实际操作过程中对工人的技术水平要求稍低，不易出现人为误差，不易导致质量问题出现。

（4）适应性高

由于装配式叠合板大多在工厂封闭环境施工，很多工序不受外界环境的影响，下雨、下雪等恶劣天气不会导致施工暂停，也不会影响产品品质，季节性气候变化对现场施工的各种不利影响在此可完全规避，冬季或高温期间也可以按施工进度计划推进。且预制构件的尺寸设计较为灵活，加工制作方便，可以满足不同建筑工程标准和施工需求，同时还可提高结构施工质量，因此广泛应用于各大建筑工程项目中。

2. 叠合楼板结合面缺陷检测方法

由于叠合楼板分布在上下楼层中间，只有一个可检测面，这里采用具有单面检测功能的阵列超声成像法和冲击回波法两种方法对装配式混凝土叠合楼板缺陷进行检测。

（1）阵列超声成像法

阵列超声成像法是通过控制换能器中各阵元的发射（接收）脉冲的时间延迟，使其按照一定的规律改变各阵元的发射（或接收）声波到达（或来自）物体内某点时的相位关系，实现聚集点和声束方位的变化，合成孔径聚焦成像数据处理技术，建立混凝土内部的3D影像及2D断面影像。

A1040MIRA混凝土超声断面成像仪底部采用4×12=48个具有陶瓷耐磨头的换能器，换能器为低频宽带干点式，不需要涂抹任何耦合剂。每个传感器都有一个独立的弹簧悬架，确保在不平坦的表面上也能进行测试。每个测点测试时间约为8s，测试结果以断面形式出现，系统能够自动处理检测结果，可实现各测点数据的连续并自动剔除重叠区域，根据混凝土和缺陷的在断面上的成像颜色深度不同，来判断混凝土中是否有缺陷存在。

阵列超声成像法可实现单面混凝土构件内部缺陷检测，能够检测叠合楼板结合面上的空洞、脱空、界面间裂缝、混凝土不密实和PVC管等介质，并对各种介质进行成像，能够较为准确地定位缺陷在叠合楼板上的位置及深度，检测精度较高。

对于管状类缺陷，当直径<5mm时，阵列超声成像法不能准确定位缺陷的位置，此时会出现误判；当有PVC线管遮盖缺陷时，PVC线管也能像缺陷一样成像出来，在进行叠合楼板缺陷检测时，应首先定位PVC线管的位置，排除对缺陷的影响。阵列超声成像法能够很好地对叠合楼板内的颗粒状缺陷及空洞缺陷进行成像定位。

阵列超声成像仪的每个探头都有一个独立的弹簧悬架，检测时探头可根据测试面的表面状态伸缩调节，因此阵列超声成像仪对预制叠合楼板上表面的平整度要求低于扫描式冲击回波仪，且阵列超声成像仪通过扫描成像能较准确清晰地显示出缺陷的位置，可根据缺陷的深度判断是否为结合面缺陷，有效排除预埋线管、线盒的干扰，故优先采用。

（2）冲击回波法

冲击回波法是基于应力波的一种检测混凝土内部质量的无损检测方法。通过冲击器作为激振源在检测构件混凝土表面进行敲击产生压缩波，然后用放置在冲击器旁边的传感器接收反射回来的压缩波，接收器接收到反射波后，通过快速傅立叶转换将时间域数据转化为频域数据，然后确定回波的频率峰值，计算构件的厚度。对于混凝土构件无缺陷的，压缩波会从构件底部反射回来，计算厚度与构件厚度一致；对于混凝土内部有缺陷的，压缩波在缺陷处会有反射及绕射现象，计算厚度相比构件厚度偏小或偏大。

试验用冲击回波测试仪器为美国Olson仪器公司生产的扫描式冲击回波（IES）测试系统。扫描式冲击回波测试系统由扫描式冲击接收单元（IE Scanner）与数据采集单元（Freedom Date PC）组成。扫描式冲击接收单元内置螺线管电磁激震冲击器，保证冲击频率恒定，一体化的冲击器单元及接收器单元，带有6个位移传感器的滚动传感器测试轮，每隔 2.54cm 进行一次测量，使得测试非常快捷，且测试时不需要耦合剂；数据采集过程中，通过数据采集单元自带的自动分析软件进行分析，实时显示厚度与距离的扫描图形。

冲击回波法检测叠合楼板结合面处的缺陷时，检测效率高，但对缺陷的识别能力较低，易出现误判；对于叠合楼板等薄板类构件检测，冲击回波法在进行结合面处的缺陷检测时无法定位缺陷在构件内的深度位置。

对于结合面缺陷较多较密的工况，阵列超声成像法检测叠合楼板缺陷时，检测精度高，但检测效率低；冲击回波法检测时，有时会出现误判，但检测效率高。在实际应用中，应根据具体试件情况选择合适的检测方法，必要时可以两者结合。

5.5.2　装配式混凝土新旧结合面缺陷检测

相对于传统浇筑施工，装配式混凝土结构的构件可采用流水线施工，工艺稳定，工人分工明确，养护条件容易控制，有益于提高混凝土质量。然而，装配式结构施工过程中新旧混凝土结合面易出现混凝土收缩不同步，结合面处易产生相对位移，极易导致混凝土不密实。因此，对于装配式混凝土结构新旧结合面的无损检测研究具有重要意义。

目前，混凝土结合面的检测研究已取得了一定成果。现将一些研究人员的成果列举如下：

（1）采用钻芯法、超声波检测法、地质雷达法等检测手段对装配式混凝土结构进行完整性、强度、密实度检测，结果表明上述检测手段可以相互验证，且在施工现场应用良好。

（2）通过超声波法检测了装配式建筑结构接缝的密实性，建立空洞缺陷的计算模型，成功预测了空洞的尺寸。

（3）对新旧混凝土界面剂的选择、界面植筋等方面进行了总结，得出了可在新混凝土中掺加特殊材料提高其性能。

（4）通过超声透射法、相控阵超声成像法准确识别了混凝土中存在的空洞缺陷，研究表面超声投射法对新旧混凝土结合面上局部缝隙缺陷存在漏判现象，而相控阵超声成像法可准确识别新旧混凝土结合面的缝隙缺陷。

（5）通过冲击回波法准确检测出了叠合构件结合面处存在的缺陷。

（6）通过研究发现结合面的受剪承载力随结合面配筋强度参数的增大而增大。

（7）研究表明在后浇混凝土前不清理结合面会显著降低混凝土抗渗性能。

（8）在一定情况下采用电磁波法能有效定位混凝土构件的内部缺陷，但对于非金属类夹杂或孔洞可能会出现漏检情况。

（9）采用相控阵超声成像法成功识别了装配式钢筋混凝土叠合梁、板构件叠合层明显的胶结不良、内部孔洞等缺陷。

可见，目前装配式混凝土结构新旧结合面缺陷检测研究已经发展了多种方法。但很少有采用雷达法对装配式混凝土新旧结合面的研究及实际工程应用。雷达法检测混凝土内部缺陷的原理是考虑到不同介质具有电性差异，因此，采用广谱电磁技术，利用高频电磁波，探测构件的隐蔽缺陷分布。具体地，发射天线向混凝土内部发射高频电磁波脉冲，电磁波的路径、强度与波形将随所通过介质的电性及几何形态而变化，当遇到空洞、分界面等具有不同介电特性的介质时，就会产生反射回波。雷达主机将对此部分的反射波进行适时接收，对接收到的数据进行一系列处理后得到雷达图像，根据得到的雷达图像可确定结构体分界面、空间位置和结构特性等。研究表明，当缺陷与测试面间不存在钢筋且缺陷尺寸较大时，采用雷达法可有效识别结合面的缺陷，但当缺陷厚度减小至 0.5mm 时，该方法难以检出缺陷。受钢筋遮挡时，可识别的缺陷尺寸减小。

5.6　装配式混凝土剪力墙连接质量检测

目前，在预制装配式建筑中，装配剪力墙结构因其适用高度较大、适用性好，且具有良好的整体性和抗震性能，被广泛使用。为了将上下层剪力墙连接成整体，达到等同现浇要求，其节点连接是关键环节，节点连接质量直接影响着装配式混凝土结构的安全性能。

5.6.1　双面叠合剪力墙层间竖向钢筋连接质量检测

上下层双面叠合剪力墙竖向连接方式是在预制板之间的空腔内插入层间竖向钢筋，然后在空腔内浇筑混凝土，层间竖向钢筋一部分插入下层剪力墙中，另一部分裸露在外，待上层剪力墙与下层剪力墙连接成整体。

1. X 射线法检测层间竖向钢筋连接质量

目前，X 射线法主要用于检测装配式竖向构件套筒灌浆连接质量，是利用 X 射线穿透被测物，采用数字成像板记录透射强度，获取目标套筒及插入段钢筋的投影图像，然后将套筒本体的内部构造特征（如限位挡卡）作为参照物，测量插入段连接钢筋末端到参照物的相对距离，进而推算出连接钢筋插入套筒的长度。该方法检测套筒内连接钢筋长度是将套筒本体构造特征作为参照物，巧妙运用了套筒尺寸精度高的特点。

相比采用套筒灌浆连接的剪力墙，双面叠合剪力墙介质环境并不复杂，但层间竖向钢筋均置于墙体内部空腔中，空腔中没有套筒作为参照物，且由于成像板尺寸受限通常无法完整拍摄到层间竖向钢筋的整体影像，甚至会出现相邻的两根钢筋无法拍摄到同一成像图中的情况，因而无法准确测量钢筋长度及未出现在同一个数字成像图中的相邻目标钢筋间距。虽然在预制层中有分布钢筋作为参照物，若分布钢筋位置固定不变，进而结合 X 射线投影成像的特点，可采用该方法对层间竖向钢筋锚固长度及间距进行检测，但分布钢筋是人为绑扎，实际位置与设计存在偏差，无法参照。既然构件体内无参照物，若在构件体外布置参照物将会是一个创新思路。

对于层间竖向钢筋长度检测，通过布置墙正面的发射口中心标记物和高度已知的墙背部基准线，将计算钢筋长度转化为计算钢筋末端到墙背部基准线的相对距离，利用发射口中心标记物为放大原点准确缩放计算上述相对距离，进而推算出层间竖向钢筋的长度，一般，X 射线法检测结果的相对误差在 2%左右。

对于分别投影到两张数字成像图中的相邻两根层间竖向钢筋的间距检测，通过在墙背部基准线上布置距离已知的竖向标记物，将计算相邻层间竖向钢筋间距转化为计算层间竖向钢筋到各自所参照的竖向标记物的间距，进而推算钢筋间距，一般情况下，X 射线法检测结果的相对误差在 3%以内。

2. 雷达法检测层间竖向钢筋连接质量

采用雷达法可用于对厚度为 200mm 的双面叠合剪力墙内部的层间竖向钢筋进行扫描成像。当层间竖向钢筋离桁架钢筋及分布钢筋较远，层间竖向钢筋的雷达信号不被桁架钢筋及分布钢筋影响，雷达信号强，图像分辨率高；当层间竖向钢筋离桁架钢筋及分布钢筋较近，层间竖向钢筋的雷达信号弱，可依稀辨别竖向连接钢筋；当层间竖向钢筋离桁架钢筋过近，此时层间竖向钢筋雷达信号受到干扰，难以检测；当层间竖向钢筋整体被分布钢筋遮挡，层间竖向钢筋的雷达信号无法识别。

雷达法可用于检测双面叠合剪力墙内层间竖向钢筋长度及间距，且检测结果相较于实际工况误差不大，对于层间竖向钢筋长度检测，试验结果表明雷达法检测结果的相对误差在 1%以内；对于层间竖向钢筋间距检测，试验结果表明该方法检测结果的相对误差在 5%左右。

雷达法与 X 射线法相比，检测结果误差较大，且图像不够直观，容易造成误判和漏判现象，因此雷达法可用于对双面叠合剪力墙内的层间竖向钢筋长度及间距进行初判。

5.6.2　双面叠合剪力墙空腔内后浇混凝土密实度质量检测

上下层双面叠合剪力墙竖向连接方式是依靠空腔内的混凝土包裹住层间竖向钢筋，借助混凝土对钢筋的握裹力来实现传力效果，因此连接区现浇混凝土的密实度是影响试件连接质量及传力性能的关键因素。由于双面叠合剪力墙空腔内的现浇混凝土在施工现场无法振捣，在施工过程中可能会因为各种因素导致节点连接区混凝土浇筑不密实问题，严重影响结构安全。

1. 超声法检测后浇混凝土内部缺陷

超声断面成像仪检测技术运用干点换能器阵列技术，采用激发和接收换能器组成的收发对模式，第一排换能器向被测物体内发射横波信号，其他换能器接收信号，每排换能器轮流发送，采集每次收到的超声波参数，进而使用合成孔径聚焦技术分析，获取被测物体内部的 2D 断面影像及 3D 图像。

采用超声断面仪对双面叠合剪力墙内混凝土密实度缺陷进行检测时，首先需要进行测区绘制，为确保设置缺陷的检测结果和未设置缺陷的检测结果形成鲜明对比，通过对比来识别缺陷位置，测区分别在有缺陷和未设置缺陷处布置，检测完成后与预设工况做出对比，验证检测结果的准确性。

采用超声断面成像仪可有效检测厚度为 200mm 的双面叠合剪力墙内混凝土密实度缺陷，检测效率高，检测覆盖面积可达到 370mm×110mm，可适应一些不利条件的检测需求，可准确检测出预设缺陷位置及埋置深度，检测结果精确，其内置特殊算法可有效规避双面叠合剪力墙内钢筋对检测结果的影响，且超声断面成像仪体形小、携带方便，单人即可完成检测。

2. X 射线法检测后浇混凝土内部缺陷

X 射线检测的原理是：当 X 射线穿透被测物时，射线的光子将与物质原子发生相互作用，导致射线强度降低，穿透力衰减，其衰减的程度与射线的能量，被测物的性质、厚度、密度等具有密切关联，采用特定的检测器如胶片、DR 平板探测器等可记录透射射线强度，进而得到被测物内部的投影图像。

采用 X 射线法检测双面叠合剪力墙内混凝土密实度缺陷，由于数字成像板尺寸比预设混凝土密实度缺陷尺寸大很多，因此只须将数字成像板布置在试件背面，保证数字成像板完全覆盖住预设缺陷，然后将 X 射线机布置在构件正面进行拍摄即可。为确保数字成像板可完全覆盖住预设缺陷，在布置数字成像板之前，需要在试件背面进行测区绘制。

采用 X 射线数字成像法检测混凝土密实度缺陷，检测覆盖面积可达到 400mm×400mm，可有效检测出厚度为 200mm 的双面叠合剪力墙内混凝土密实度缺陷，检测图像清晰，检测结果直观，且信号不会受到其他因素干扰。

第6章　装配式混凝土结构主体结构质量检测

建筑主体结构的质量检测是确保建筑工程项目达到一定的质量安全标准、满足民众使用需求的必要手段和前提,对建筑主体结构全方位的质量监管,保障着建筑主体结构的安全性。主体结构的质量检测是建筑工程检测要点,因为主体结构是建筑工程整体最重要的构成部分之一,主体结构的质量和安全性能,决定了建筑工程整体质量。尤其是近些年,我国的建筑产业持续扩大规模,在建筑项目的体量、数量等多方面形成了快速增长的趋势,人们对建筑物的质量、安全性能、使用寿命有了更高标准的追求。

建筑工程的主体结构质量检测可以保证建筑物的使用效果符合一定的标准要求,增强建筑物的安全性。特别是现代建筑工程当中,钢筋和混凝土是主体结构中最常见的两种材料,在原材料的应用中,需要根据有关的质量要求、性能要求,进行结构浇筑作业、材料建造施工,以免对建筑物的整体使用安全造成负面影响。因此主体结构的质量检测面向原材料和不同的施工程序,形成了监管功能,通过细致的质量检测,有利于保证建筑工程主体结构可靠的质量和整体工程项目的安全性,有效地预防了后期形成的质量返工问题风险。

结合近些年来建筑物的项目规模的扩充和持续发展的趋势,主体结构的重要性愈发体现出来,针对建筑物的质量检测要以主体结构作为重要的要点,保证建筑物最终的稳定性、整体性,结合主体结构检测中涵盖的多项内容,包括混凝土结构的抗压强度、钢筋保护层的厚度等。在实施主体结构检测的过程中,检测人员遵循着一定的原则,将主体结构检测内在的功能、价值发挥出来,为建筑工程的整体质量安全奠定了基础。主体结构与建筑工程的质量、使用寿命息息相关,是值得人们关注和研究的课题。

6.1　变形检测

6.1.1　地基基础变形的检测

1. 建筑物的倾斜观测

建筑主体倾斜观测应测定建筑物顶部观测点相对于底部固定点或上层相对于下层观测

点的倾斜度、倾斜方向及倾斜速率。刚性建筑的整体倾斜，可通过测量顶面或基础的差异沉降来间接确定。

选择需要观测倾斜的建筑物阳角作为观测点。通常情况下用经纬仪对四个阳角均进行倾斜观测，综合分析后才能反映整栋建筑物的倾斜情况。倾斜的观测方法如下：

（1）经纬仪位置的确定。经纬仪位置要求经纬仪至建筑物的距离 L 大于建筑物高度。

（2）倾斜数据测读。瞄准墙顶一点 N，然后测量出 NN´间水平距离 a。另外，以 M 点为基准，采用经纬仪测量出 M、N 点角度 α，MN＝h，经纬仪高度为 h´，经纬仪到建筑物间的水平距离为 L。

（3）结果整理。

根据垂直角可按下式计算高度：

$$H = L\tan\alpha \tag{6-1}$$

则建筑物的倾斜度：

$$i = a/h \tag{6-2}$$

建筑物阳角的倾斜量：

$$a = i/(h + h^{'}) \tag{6-3}$$

用同样的方法，也可得其他各阳角的倾斜度、倾斜量，从而可进一步描述整栋建筑物的倾斜情况。

2. 建筑物沉降观测

建筑物的沉降观测包括建筑物沉降的长期观测及建筑物不均匀沉降的现场观测。

（1）建筑物沉降的长期观测。为掌握重要建筑物或软土地基上建筑物在施工过程中以及使用最初阶段的沉降情况，及时发现建筑物有无危害的下沉现象，以便采取措施保证工程质量和建筑物安全，在一定时间内须对建筑物进行连续的沉降观测。

第一，水准点位置。通常所用仪器为水准仪，在建筑物附近布置三处水准点，选择水准点位置的要求为：①水准点高程无变化（保证水准点的稳定性）；②观测方便；③受建筑物沉降的影响；④设深度至少要在冰冻线下 0.5m 处。

第二，观测点的布置。观测点的数目和位置应能全面反映建筑物的沉降情况。一般是沿建筑物四周每隔 15~30m 布置一个，数量不宜少于 6 个。另外，在基础形式及地质条件改变处或荷载较大的地方也要布置观测点。建筑物沉降的观测点一般是设在墙上，用角钢制成。

第三，数据测读及整理。水准测量采用闭合法。为保证测量精度宜采用Ⅱ级水准，观测过程中要做到固定测量工具、固定测量人员，观测前应严格校验仪器。

沉降观测一般是在增加荷载（新建建筑物）或发现建筑物的沉降量增加（已使用的建筑物）后开始的，观测时应随记气象资料，观测次数和时间应根据具体情况确定。一般情况下，新建建筑中，民用建筑每施工完一层（包括地下部分）应观测一次；工业建筑按不同荷载阶段分次观测，但施工期间的观测次数不应少于 4 次；已使用建筑则根据每次沉降量大小确定观测次数，一般是以沉降量在 5~10mm 以内为限度。当沉降发展较快时，应增加观测的次数，随着沉降量的减少而逐渐延长沉降观测的时间间隔，直至沉降稳定为止。

（2）建筑物不均匀沉降的现场观测。

第一，观测点选择。在对实际建筑物进行现场调查时，由于不均匀沉降已经发生，故可初步了解到建筑物不均匀沉降情况。因此，观测点应布置在建筑物的阳角和沉降量最大处，挖开覆土，露出建筑物基础顶面。

第二，仪器布置及数据测读。采用水准仪及水准尺，将水准仪布置在与两观测点等距离的地方，同时将水准尺放在观测点处的基础顶面，即可从同一水平的读数得知两观测点之间的沉降差。如此反复，便可得知其他任意两观测点间的沉降差。

第三，整理。将以上步骤得到的结果汇总整理，就可以得出建筑物当前不均匀沉降情况。

6.1.2　建筑基坑常规变形监测技术

基坑监测是指在施工及使用期限内，对建筑基坑及周边环境实施的检查、监控工作。主要包括：支护结构、相关自然环境、施工工况、地下水状况、基坑底部及周围土体、周围建（构）筑物、周围地下管线及地下设施、周围重要的道路、其他应监测的对象。

基坑水平位移观测的常用方法：交会法、小角法、活动觇牌法、全站仪法、GPS法等。

1. 交会法

交会法是指通过测定由变形观测点和两个基准点形成的三角形的边角得到变形观测点的位移变化量。交会法可解决一些不规则形状的基坑水平位移监测问题。缺点是当求变形观测点的位移变化量时，需要至少架设两次仪器，这不仅增加了观测的数量，而且加大测量误差。另外，交会法的计算比较复杂。

2. 小角法

小角法是指利用精密经纬仪精确测出基准线方向同测站点到观测点的视线方向间所夹

的小角，从而计算出观测点相对于基准线的偏离值。该检测方法操作简单、计算简便，适用于形状较为规则的基坑。缺点是要求场地必须开阔，基准点与基坑之间必须有一定距离，以避免基坑变形对基准线产生影响；且测站点数量太多，观测成本较高。

3. 活动觇牌法

活动觇牌法是指通过采用精密的附有读数设备的活动觇牌直接测定出观测点相对于基准面的偏离值。觇牌上分划尺的最小分划值为 1mm，用游标尺可直接读到 0.1mm ~ 0.01mm。活动觇牌法现场即可得出变形结果，不需要内业计算。但活动觇牌法不仅具有测小角法的缺点，还需要专用的照准设备及仪器，而且对活动觇牌上的读数尺要求很高，成本相对较高。

4. 全站仪法

全站仪法是在一个固定的测站点上设置一个高精度全站仪，选择另一个固定点作为后视点，测定各变形观测点的平面坐标，然后将测量结果与首次测量结果进行比较，得出水平位移变化值。

全站仪法观测与计算都比较简便，适用于各种形状的基坑变形监测，而且成本与造价相对较低，目前全站仪在基坑监测方面已广泛使用。然而，高精度电子全站仪价格较高，此外全站仪精度尚不能满足部分深基坑水平位移监测的需求。

5. GPS 监测系统

GPS 法具有测站间无须通视、监测精度高、全天候监测等优点，还可同时提供监测点的三维位移信息。缺点是受地形或建构筑物影响较大，对场地要求较多，垂直位移精度不足，只能获取变形体上部分离散点的位移信息。

这些方法都有各自的优缺点，实际操作过程中应根据基坑的形状和施工现场的具体情况选择合适的监测方法。

6.1.3 钢结构变形检测技术

钢结构变形检测分为结构整体垂直度，整体平面弯曲及构件垂直度、弯曲变形、跨中挠度等项目。结构变形有许多类型，包括梁、屋架的挠度，屋架倾斜，柱子侧移等，需要根据测试对象的不同采用不同的检测方法和仪器。当测量小跨度梁、屋架挠度时，可用拉铁丝简单方法，也可选取基准点用水准仪测量；屋架倾斜变位测量，一般在屋架中部拉杆处，从上弦固定吊锤到下弦处，量测其倾斜值，并记录倾斜方向。此外，测量结构或构件变形时，应设置辅助基准线；对变截面构件和预起拱的结构或构件，还应考虑其初始位置的影响。

测量结构或构件变形常用仪器有水准仪、经纬仪、锤球、钢卷尺、棉线等常规仪器以及激光测位移计、红外线测距仪、全站仪等。

变形检测的基本步骤包括预处理、变形测量和检测结果评价。变形检测时，需要注意以下七方面的内容：

第一，应采用设置辅助基准线的方法，测量结构或构件的变形；对变截面构件和有预起拱的结构或构件，尚应考虑其初始位置的影响。

第二，测量尺寸不大于 6m 的钢构件变形，可用拉线、吊线锤的方法，并应符合规定：①测量构件弯曲变形时，从构件两端拉紧一根细钢丝或细线，然后测量跨中位置构件与拉线之间的距离，该数值即是构件的变形。②测量构件的垂直度时，从构件上端吊一线锤直至构件下端，当线锤处于静止状态后，测量吊锤中心与构件下端的距离，该数值即是构件的顶端侧向水平位移。

第三，测量跨度大于 6m 的钢构件挠度，宜采用全站仪或水准仪，并按以下方法进行检测：①钢构件挠度观测点应沿构件的轴线或边线布设，每一构件不得少于三点；②将全站仪或水准仪测得的两端和跨中的读数相比较，可求得构件的跨中挠度；③钢网架结构总拼完成及屋面工程完成后的挠度值检测，对跨度 24m 及以下钢网架结构测量下弦中央一点；对跨度 24m 以上钢网架结构测量下弦中央一点及各向下弦跨度的四等分点。

第四，尺寸大于 6m 的钢构件垂直度、侧向弯曲矢高以及钢结构整体垂直度与整体平面弯曲度宜采用全站仪或经纬仪检测。可用计算测点间的相对位置差的方法来计算垂直度或弯曲度，也可采用通过仪器引出基准线，放置量尺直接读取数值的方法。

第五，当测量结构或构件垂直度时，仪器应架设在与倾斜方向成正交的方向线上，且宜距被测目标 1~2 倍目标高度的位置。

第六，钢构件，钢结构安装主体垂直度检测，应测量钢构件、钢结构安装主体顶部相对于底部的水平位移与高差，并分别计算垂直度及倾斜方向。

第七，当用全站仪检测，且现场光线不佳、起灰尘、有振动时，应用其他仪器对全站仪的测量结果进行对比判断。

在建钢结构或构件变形应符合设计要求和《钢结构工程施工质量验收标准》（GB 50205-2020）及《钢结构设计标准》（GB 50017-2017）等有关规定。

既有钢结构或构件变形应符合《民用建筑可靠性鉴定标准》（GB 50292-2015）及《工业建筑可靠性鉴定标准》（GB 50144-2019）等的有关规定；对既有建筑进行变形测量时，若发现个别测点超过规范要求，应查明其是否由外饰面不平或结构施工时超标引起，避免因外饰面不一致而引起对结果的误判。

6.2 钢筋检测

在钢筋混凝土结构设计中，对钢筋保护层的厚度有明确的要求。但是，施工中的失误或错误，常常造成钢筋的保护层厚度、钢筋位置及数量不符合设计要求。另外，在进行旧建筑的改扩建时，在缺乏施工图纸的情况下，也需要对结构的承载力进行核算。因此，对已建混凝土结构进行施工质量诊断及可靠性鉴定时，要求确定钢筋位置及布筋情况，正确测量混凝土保护层厚度并估测钢筋的直径。当采用钻芯法检测混凝土强度时，为在取芯部位避开钢筋，也需要进行钢筋位置的检测。目前，我国颁布了《混凝土中钢筋检测技术标准》（JGJ/T152-2019）。

确定钢筋混凝土中钢筋保护层厚度、钢筋位置和钢筋直径、钢筋力学性能及钢筋锈蚀状况是钢筋无损检测技术中的重要内容。混凝土中的钢筋宜采用原位实测法检测。当采用间接法检测时，宜通过原位实测法或取样实测法进行验证，并根据验证结果进行适当的修正。

6.2.1 钢筋数量和间距的检测

混凝土中钢筋数量和间距可采用电磁感应法和雷达法检测。

1. 电磁感应法检测的基本原理

电磁感应法是利用电磁感应原理检测混凝土结构构件中钢筋间距、混凝土保护层厚度及钢筋公称直径的方法。混凝土是带弱磁性的材料，而结构内配置的钢筋带有强磁性。混凝土原来是均匀磁场，当配置钢筋后，就会使磁力线集中于沿钢筋的方向。检测时，当钢筋位置测试仪的探头接触结构混凝土表面，探头中的线圈通过交流电时，线圈电压和感应电流强度发生变化，同时由于钢筋的影响，产生的感应电流的相位相对于原来交流电的相位产生偏移，该变化值是钢筋与探头之间的距离和钢筋直径的函数。钢筋愈接近探头，钢筋直径愈大时，感应电流强度愈大，相位差也愈大。电磁感应法比较适用于配筋稀疏与混凝土表面距离较近（即保护层不太大）的钢筋检测，同时钢筋又布置在同一平面或不同平面距离较大时，可取得较满意的效果。

数字化钢筋位置和保护层厚度测试仪是磁感仪的升级产品，其检测结果与计算机相连，能快速、直观地在屏幕上显示钢筋位置、钢筋保护层厚度和钢筋直径，具有非常高的精度。

2. 雷达法检测的基本原理

通过发射高频脉冲雷达波是雷达检测法的主要原理，检测目标通过雷达天线对电磁波进行发射，是雷达探测目标物体的主要方式。

雷达检测方法有点检测法和线检测法。

（1）点检测法步骤

第一，将三条测试线按照水工混凝土内部钢筋在检测平行方向上进行布设，对其附近钢筋的位置进行标记。

第二，对标记的不同钢筋之间的检测线进行两两布设，对检测线的长度进行记录，从第一桩号顺序检测到相同桩号后结束检测，采用不同方向进行雷达天线的探测。

第三，检测结束后对检查成果进行确认，对检查混凝土表层进行详细记录，对附近影响检测的信号、检测顺序桩号、天线探测方向进行数据记录。

第四，对雷达检测图像进行回放检测，确保检测数据的正确率。

（2）线检测法步骤

第一，根据钢筋可能分布的方向平行待检筋布设两条测试线，标记出相邻的两根干扰筋位置。

第二，对不同钢筋之间的检查线布设位置进行标记，按规定要求进行检测线长度的设计。

第三，检测结束后对检查成果进行确认，对检查混凝土表层进行详细记录，对附近影响检测的信号、检测顺序桩号、天线探测方向进行数据记录。

第四，"对雷达检测图像进行回放检测，确保检测数据的正确率。"[①]

手持式钢筋混凝土雷达仪的型号有很多。与传统的电磁感应法相比，雷达法探测混凝土中钢筋的分布情况，具有下列优点：传统钢筋探测器必须用探头在钢筋附近往复移动定位，并逐根做标记，速度慢，雷达仪采用天线进行连续扫描测试，一次测试可达数米，因而效率大大提高；雷达仪可探测深度超过一般的电磁感应式钢筋探测仪，一般可达200mm，能满足大多数的检测要求；雷达仪测试结果以所测部位的断面图像显示，直观、准确，而且可以存储、打印，便于事后整理、核对、存档等。

采用雷达仪，能探测混凝土内孔洞、疏松、裂缝等缺陷，可将混凝土中的钢筋看得清

[①]常胜．雷达法在某输水工程水工混凝土质量检测中的应用［J］．水利技术监督，2022（05）：20-23+46.

清楚楚，使得劣质工程无处藏身，对于保证工程质量具有重要意义。

3. 钢筋数量和间距检测技术

采用钢筋探测仪检测钢筋位置时，将探头长边方向与钢筋长度方向平行，钢筋直径挡拨至最小，测距挡拨至最大，并将探头横向移动，仪器指针摆动最大时，探头下为钢筋位置，在相应位置做好标记。按上述步骤将相邻的其他钢筋位置逐一标出，并逐个量测钢筋的间距。检测前，应对钢筋探测仪进行预热和调零，调零时探头应远离金属物体。

雷达法宜用于结构或构件中钢筋间距的大面积扫描检测，根据被测结构或构件中钢筋的排列方向，雷达仪探头或天线沿垂直于选定的被测钢筋轴线方向扫描，根据钢筋的反射波位置来确定钢筋间距和混凝土保护层厚度。

对于梁、柱类构件主筋数量及间距检测，测试部位应避开其他金属材料和较强的铁磁性材料。先将构件同一个截面位置上的可测试面一侧的所有主筋逐一检出，并在构件表面标出每个检出钢筋的相应位置，应测量和记录每个检出钢筋的相对位置。

对于墙、板类构件钢筋数量和间距检测，以及梁、柱类构件的箍筋检测，在构件上随机布置测试部位，测试部位应避开其他金属材料和较强的铁磁性材料。先在每个测位连续检出 7 根钢筋，少于 7 根钢筋时应全部检出，并在构件表面标出每个检出钢筋的相应位置。再根据第一根钢筋和最后一根钢筋的位置，确定这两根钢筋的距离，计算出钢筋的平均间距，必要时计算钢筋的数量。对梁、柱类构件的箍筋进行检测时，若存在箍筋加密区，宜将加密区内的箍筋全部检出。

若梁、柱类构件主筋实测根数少于设计根数，则该构件配筋应评定为不符合设计要求；若梁、柱类构件主筋的平均间距与设计要求的偏差大于相关标准规定的允许偏差，则该构件配筋应评定为不符合设计要求；若墙、板类构件钢筋的平均间距及梁、柱类构件的箍筋间距，与设计要求的偏差大于相关标准规定的允许偏差，则该构件配筋应评定为不符合设计要求。

这里应特别注意的是，当遇到下列情况之一时，应采取剔凿验证的措施；相邻钢筋过密，钢筋间最小净距离小于钢筋保护层厚度；混凝土（包括饰面层）含有或存在可能对钢筋检测造成误判的金属组分或金属构件；钢筋位置、数量或间距的测试结果与设计要求有较大偏差；缺少相关验收资料等。钻孔剔凿验证时，应选取不少于30%的已测钢筋，且不应少于 6 处（当实际检测数量不到 6 处时应全部选取）。

6.2.2 混凝土保护层厚度检测

钢筋保护层就是混凝土表面和钢筋表面之间的最小距离，这一部分的混凝土能够包裹钢筋并避免其外露，起到保护钢筋的主要作用。

1. 钢筋混凝土保护层厚度控制和检测的必要性

对于钢筋混凝土构件来说，钢筋的位置和保护层的厚度须满足设计要求，这样才能充分发挥设计所要达到的效果，否则可能会出现安全质量事故。当钢筋混凝土保护层厚度过大，混凝土构件的有效受力截面变小，从而大大降低混凝土构件刚度和承载力。同时增大混凝土构件混凝土开裂的概率，对于梁板类构件底部受力筋保护层过大，会导致梁板底混凝土开裂以及减小构件承载力。反之混凝土钢筋保护层偏小，混凝土对钢筋的约束力不够，影响混凝土构件的抗拉能力，原因是钢筋具有很强的抗拉力，混凝土主要是抗压，承受抗拉力很小，通过两者的配合使用，混凝土能紧紧握裹钢筋，发挥各自的性能，从而使构件达到一定的承载力。

2. 混凝土结构中钢筋保护层的检测方法

（1）电磁感应法。电磁感应法是现阶段我国相关工作人员检测混凝土中钢筋保护层厚度的主要方法之一，相对于其他方式来说，电磁感应法的操作原理较为复杂。如果混凝土内部存在钢筋，那么通过检测仪探头向混凝土内部产生的电磁场就会产生相应变化，钢筋的移动会带动探头的相对移动，钢筋对电子场进行切割从而产生二次感应磁场。信号处理单元根据不同厚度钢筋产生的不同二次场强度对相应信号进行处理，从而对钢筋平面位置以及其保护层的厚度进行确定。

（2）探地雷达。探地雷达检测技术相对来说其起步较晚，但是其检测效率相对较高，如果相关工作人员能够明确探地雷达检测技术的实际操作流程，并实现其规范操作，就能够保证在快速探测的基础之上提高探测结果的准确性和科学性。此外，探地雷达法的操作也较为灵活，大大降低了相关工作人员的工作难度并减少了其工作量。探地雷达法在我国的应用范围相对较广，不论是考古、矿产勘察，还是灾害地质调查以及岩土工程勘察都离不开探地雷达法。探地雷达法检测结构内钢筋主要是通过钢筋的不同介电常数和混凝土的区别实现，因此探地雷达法的检测精度较高。为实现对钢筋保护层厚度的准确检测，需要在应用探地雷达法时应用高频天线。

（3）开凿验证法。如果无法确定现有检测结果的准确性或无法根据检测数据明确钢筋保护层厚度具体数值，则要结合实际情况采用开凿验证法，常用的开凿验证法包括水钻取芯及利用电锤钻开孔等。如果用电锤钻开孔，要对孔进行清理，然后再应用内窥探头和游标卡尺。开凿验证会对结构造成一定程度的破坏，且后期的修复工作存在一定难度，在非必要情况下不建议采用开凿验证法。

6.2.3　混凝土中钢筋直径检测

混凝土中钢筋直径应采用原位实测法检测。当需要取得钢筋截面面积精确值时，应采取取样称量法进行验证。当验证表明检测精度满足要求时，可采用钢筋探测仪检测钢筋公称直径。

采用原位实测法检测混凝土中钢筋直径时，应先利用钢筋探测仪确定待测钢筋位置，凿开混凝土保护层，露出钢筋，再用游标卡尺测量钢筋直径，同一部位重复测量三次，将三次测量结果的平均值作为该测点钢筋直径检测值。

采用取样称量法检测钢筋直径时，应先利用钢筋探测仪确定待测钢筋位置，沿钢筋走向凿开混凝土保护层，截除长度不小于300mm的钢筋试件。清理钢筋表面的混凝土，用12%盐酸溶液进行酸洗，经清水漂净后，用石灰水中和，再以清水冲洗干净。擦干后在干燥器中至少存放4h，用天平称重。

当采用钢筋探测仪检测钢筋公称直径时，仪器具体操作方法同钢筋数量及间距检测。要求被测钢筋与相邻钢筋间距应大于100mm，且其周边的其他钢筋不应影响检测结果，并应避开钢筋接头及绑丝。每根钢筋重复检测两次，第两次检测时探头应旋转180°，两次读数必须一致。当用钻孔剔凿法对钢筋探测仪检测结果进行验证时，钻孔剔凿的数量不应少于该规格已测钢筋的30%且不应少于三处（当实际检测数量不到三处时应全部选取）。当钢筋探测仪测得的钢筋公称直径与钢筋实际公称直径之差大于1mm时，应以实测结果为准。

6.2.4　混凝土中钢筋锈蚀状况检测

1. 混凝土中钢筋锈蚀原因

引起钢筋混凝土钢筋锈蚀的原因主要是雨水或海水中氯离子的渗透作用和混凝土的碳化作用。由于钢筋锈蚀过程的本质是钢筋本身与外界环境之间的化学反应过程，所以锈蚀后的钢筋混凝土内部电学特性发生变化。

（1）碳化作用。混凝土中水泥与水作用产生氢氧化钙，氢氧化钙具有强碱性，它的pH值大于12.5。水泥产生的强碱性物质包围着钢筋形成一种保护层，保护层的厚度为$2 \times 10^{-9} \sim 6 \times 10^{-9}$m。由于保护层的存在，碱性物质的保护层对钢筋具有很好的保护作用。如果钢筋混凝土中由渗透作用或其他因素进入了酸雨等酸性液体发生化学反应就会导致保护层的破坏。

当发生化学反应以后钢筋的保护层遭到破坏，保护层的pH值由12.5变为9时保护层失去保护作用，钢筋直接与酸水接触遭受酸雨的侵蚀。钢筋开始逐渐锈蚀被氧化，开始阶段钢筋锈蚀作用产生 $Fe(OH)_3$，$Fe(OH)_3$ 进一步氧化作用产生铁锈，铁锈成分是 $nFe_2OH_3 \cdot mH_2O$ 和 Fe_3O_4。当长时间因锈蚀作用产生过多的铁锈，张力作用使得混凝土承受很强的应拉力，当混凝土的承受能力抵挡不了应拉力强度时产生开裂。开裂以后的钢筋混凝土中钢筋直接与外界大气接触，进一步使得钢筋锈蚀，如此循环使得钢筋混凝土遭受破坏。

（2）氯离子渗透。氯离子渗透作用指的是氯离子与钢筋发生化学反应的过程。尽管有混凝土保护层的保护作用，但是由于半径很小的氯离子具有很强的穿透能力，能够直接穿过混凝土的外表面进入混凝土内与保护膜接触。碱性保护膜遭到破坏后，钢筋中的铁元素与氯离子发生化学反应。$Fe(OH)_3$ 的产生主要与氯离子有关，氯离子的渗透作用对钢筋锈蚀起到催化作用，加速了钢筋的锈蚀。

2. 检测法

（1）直接检测法。钢筋锈蚀状况现场检测时，首先观察构件表面的锈蚀状况，检测构件表面的锈痕，检查是否出现沿钢筋方向的纵向裂缝，以及顺筋裂缝的长度和宽度。必要时，在钢筋锈蚀部位，凿除混凝土保护层，露出锈蚀钢筋，通过人工或机械除锈后，采用游标卡尺直接检测钢筋的剩余直径、蚀坑深度和长度，以及锈蚀物的厚度，进而推算钢筋的截面损失率。当条件许可时，可截取现场锈蚀钢筋的样品，将样品端部锯平或磨平，用游标卡尺测量样品的长度，在氢氧化钠溶液中通电除锈。将除锈后的钢筋试样放在天平上进行称重，残余质量与该种钢筋公称质量之比即为钢筋的剩余截面率，而公称质量与残余质量之差即为钢筋锈蚀量。

直接检测法有直观和直接的优点，但工作量大，且须破坏构件的保护层，因此不宜广泛使用。

（2）半电池电位法。混凝土中钢筋的锈蚀是一个电化学过程，因而在锈蚀钢筋表面有腐蚀电流存在，使电位发生变化（向负向变化）。半电池电位法是通过钢筋锈蚀检测仪检测钢筋表面层上某一点的电位，并与铜-硫酸铜参考电极的电位进行比较，以此来判断钢筋锈蚀的可能性及锈蚀程度。

半电池电位法检测时，首先要在混凝土构件表面布置若干测区，用砂轮或钢丝刷打磨掉测区混凝土表面绝缘涂层介质，并将表面清理干净。每个测区按矩阵式 100mm×100mm ~500mm×500mm 划分网格，网格节点即为电位测点。测区混凝土应预先充分浸湿，可在饮用水中加入适量家用液态洗涤剂配制成导电溶液，在测区混凝土表面喷洒。

采用钢筋探测仪检测钢筋的分布情况，并在适当位置凿出钢筋。用导线一端连接半电池接线插头，另一端连接电压仪的正输入端。用另一导线一端接于电压仪的负输入端，另一端接于混凝土中钢筋上。将半电池依次放在各电位测点上，检测各测点的电位值。检测时半电池刚性管中的饱和硫酸铜溶液同时与多孔塞和铜棒保持完全接触，并要及时清除电连接垫表面的吸附物，以保证半电池多孔塞与混凝土表面形成电通路。在同一测点，用相同一半电池重复两次测得该点的电位差值应小于 10mV，或用两只不同的半电池重复两次测得该点的电位差值应小于 20mV。当检测环境温度在（22±5）℃之外时，还需要对测点电位值进行温度修正。

半电池电位法操作简单、使用方便，可对整个结构构件中的钢筋进行检测。但受各种因素的影响，测试结果有一定的偏差。因此，在使用时，最好将其与局部凿开直接检测法相结合，以检验半电池电位法的检测结果。

6.3 混凝土强度检测

6.3.1 混凝土的强度等级

混凝土强度等级应按立方体抗压强度标准值确定。立方体抗压强度标准值是指按标准方法制作、养护的边长为 150mm 的立方体试件，在 28 d 或设计规定龄期以标准试验方法测得的具有 95% 保证率的抗压强度值。

标准试件：边长为 150mm 的立方体混凝土试块。

标准养护条件：20℃±3℃，相对湿度不小于 90%。

标准试验方法：试块表面全截面均匀受压，加荷速度 0.15~0.25MPa/s。

依据《混凝土结构设计规范》，混凝土强度等级有 C15、C20、C25、C30、C35、C40、C45、C50、C55、C60、C65、C70、C75、C80 共 14 个。

混凝土强度等级的选用除考虑强度要求外，还应考虑与钢筋强度的匹配，以及耐久性的要求。《混凝土结构设计规范》）有以下规定：

第一，素混凝土结构的混凝土强度等级不应低于 C15；钢筋混凝土结构的混凝土强度等级不应低于 C20；采用强度等级 400MPa 及以上的钢筋时，混凝土强度等级不应低于 C25。

第二，预应力混凝土构件的混凝土强度等级不宜低于 C40，且不应低于 C30。

第三，承受重复荷载的钢筋混凝土构件，混凝土强度等级不应低于 C30。

6.3.2　混凝土的强度指标

1. 立方体抗压强度 f_{cu}

不同尺寸的立方体试件所测得的混凝土抗压强度数值也有区别，应分别乘以相应的强度换算系数，试件的形状（如圆柱体）对测得的强度值也有影响，也应乘以相应的换算系数。

2. 混凝土轴心抗压强度标准值（棱柱体强度）f_{ck}

混凝土的轴心抗压强度标准值 f_{ck} 比立方体抗压强度更接近构件中混凝土实际受压时的强度，是混凝土结构设计计算中的重要指标。

当试件的高度 h 与截面边长 b 之比增大时，"套箍"作用减小，测得的强度值降低。$h/b = 2 \sim 4$ 时，测得的抗压强度值比较稳定，规定 150mm×150mm×300mm 的试件作为测试混凝土轴心抗压强度的标准试件。试验结果按下式计算：

$$f_{ck} = \alpha_{c1}\alpha_{c2}f_{cu, k} \tag{6-4}$$

式中，α_{c1}——棱柱体强度与立方体强度的比值，对 C50 及以下的混凝土取 $\alpha_{c1} = 0.76$，对 C80 混凝土取 α_{c1}，中间按线性规律变化；

α_{c2}——对 C40 以上的混凝土的脆性折减系数，对 C40 混凝土取 $\alpha_{c2} = 1.0$，对 C80 混凝土取 $\alpha_{c2} = 0.87$，中间按线性规律变化；

$f_{cu, k}$——混凝土立方体抗压强度标准值；

f_{ck}——混凝土轴心抗压强度标准值。

《混凝土结构设计规范》中，考虑结构中混凝土强度与试件混凝土强度之间的差异，取：

$$f_{ck} = 0.88\alpha_{c1}\alpha_{c2}f_{cu, k} \tag{6-5}$$

3. 混凝土轴心抗拉强度标准值 f_{tk}

混凝土的抗拉强度远小于其抗压强度，一般有 $f_{tk} \approx \left(\dfrac{1}{9} \sim \dfrac{1}{19}\right)f_{ck}$。《混凝土结构设计规范》中的计算公式为：

$$f_{tk} = 0.88 \times 0.395 f_{cu, k}^{0.55}(1 - 1.645\delta)^{0.45} \times \alpha_{c2} \tag{6-6}$$

式中，δ——标准差；

f_{tk}——轴心抗拉强度标准值；

系数 0.395 和指数 0.55——轴心抗拉强度与立方体抗压强度的折减关系，是根据试验数据进行统计分析后确定的。

4. 混凝土强度设计值（f_c，f_t）

混凝土强度设计值由强度标准值除以混凝土材料分项系数 γ_c 确定。混凝土的材料分项系数取 1.40。

轴心抗压强度设计值：

$$f_c = f_{ck}/1.4 \tag{6-7}$$

轴心抗拉强度设计值：

$$f_t = f_{tk}/1.4 \tag{6-8}$$

6.3.3 混凝土强度检测的方法

混凝土的强度是决定混凝土结构和构件受力性能的关键因素，也是评定混凝土结构和构件性能的主要参数。正确确定实际构件混凝土的强度，一直是国内外学者关心和研究的课题。

混凝土的立方体抗压强度是其各种力学性能指标的综合反映，它与混凝土轴心抗拉强度、轴心抗压强度、弯曲抗压强度、疲劳强度等有良好的相关性，且其测试方便可靠。因此，混凝土的立方体抗压强度是混凝土强度的最基本的指标。

对已有建筑物混凝土抗压强度的测试方法很多，大致可以分为局部破损法和非破损法两类。局部破损法主要包括取芯法、小圆柱劈裂法、压入法和拔出法等。非破损法主要包括表面硬度法（回弹法、印痕法）、声学法（共振法、超声脉冲法）等。这些方法可以按不同组合形成多种多样的综合法。

在 20 世纪 70 年代初，各种非破损法曾风靡一时；进入 20 世纪 80 年代，局部破损法又重新受到重视。目前以局部破损法测试结果为依据，对非破损测试数据进行校正的综合评定方法，已经占据了主导地位。

1. 回弹法测定混凝土强度

回弹法测定混凝土强度属于非破损检测方法，自 1948 年瑞士工程师施密特（Schmidt）发明回弹仪以来，经过不断改进，已比较成熟，在国内外应用比较广泛。我国已制定了《回弹法检测混凝土抗压强度技术规程》（JGJ/T 23-2011）。

测定回弹值的仪器称为回弹仪。回弹仪有不同的型号，按冲击动能的大小分为重型、中型、轻型、特轻型四种。在进行建筑结构检测时，一般使用中型回弹仪。通过一系列的试验建立的回弹值与混凝土强度之间的关系，称为测强曲线。由于受回弹法所必需的测强曲线的代表性的限制，现行《回弹法检测混凝土抗压强度技术规程》规定：回弹法只适用于龄期为 14~1 000d 范围内自然养护、评定强度在 10~50MPa 的普通混凝土；不适用于内部有缺陷或遭化学腐蚀、火灾、冰冻的混凝土和其他品种混凝土。

2. 超声法检测混凝土的强度

超声法与回弹法相类似，也是通过相关性来间接测定混凝土强度的一种方法，也是建立在混凝土的强度与其他物理特征值的相关关系基础上的。

混凝土强度与其弹性模量、密度等密切相关，而根据弹性波动理论，超声波在弹性介质中的传播速度又与弹性模量、密度这些参数之间存在一定的关系。因此，混凝土强度与超声波在其中的传播速度具有一定的相关性。建立了混凝土强度与波速之间的定量关系后，即可根据检测到的超声波波速推定混凝土强度。混凝土强度越高，其波速越快。由于混凝土是一种非匀质、非弹性的复合材料，因此，其强度与波速之间的定量关系受到混凝土自身各种技术条件，如水泥品种、骨料品种和粒径大小、水灰比、钢筋配制等因素的影响，具有一定的随机性。由于这种原因，目前尚未建立统一的混凝土强度和波速的定量关系曲线。

超声波法检测混凝土强度时，一般采用发、收双探头法。采用超声法测定混凝土的强度，在实际工程的应用中局限性较大，因为除混凝土强度外还有很多因素影响声速，例如混凝土中骨料的品种、粗骨料的最大粒径、砂率、水泥品种、水泥用量、外加剂、混凝土的龄期、测试时的温度和含水率等。因此，最好是用较多的综合指标来测定混凝土的强度。目前应用较多的超声-回弹综合法就是这样一种方法。

3. 超声-回弹综合法测定混凝土强度

超声-回弹综合法是 20 世纪 60 年代发展起来的一种非破损综合检测方法，在国内外已得到广泛应用，我国已制定了《超声回弹综合法检测混凝土强度技术规程》（CECS 02：2005）。用超声回弹法综合检测混凝土强度时，测区布置同回弹法。测区内先进行回弹测试，再进行超声测试。用超声-回弹综合法检测时，构件混凝土强度推定值的确定方法与回弹法相同。

4. 拉拔法测定混凝土的强度

拉拔法是混凝土结构的半破损检测方法。半破损检验法是在不影响结构总体使用性能的前提下，在结构物的适当部位取样进行强度试验，或直接在结构物的适当部位进行局部的破损性试验。前者通常又叫取芯法，后者常用的有拉拔法。

拉拔法测强是检测构件表层混凝土的抗拉力与抗剪力，以此推断混凝土抗压强度的一种测试方法。它又分为预埋件拔出法和锚杆拔出法。

（1）预埋件拔出法。它是把一端带有挡板的螺杆预埋在混凝土表层一定的深度中，另一端露在外面。待混凝土硬化后，拔出预埋件，记录其拔出力。挡板周围的混凝土受剪力和拉力破坏，按照已建立的拉拔力与混凝土强度之间的相互关系，换算混凝土的抗压强度。

（2）锚杆拔出法。它是在已硬化的混凝土表面钻孔，插入短锚杆，然后拔出锚杆，记录其拔出力，由拔出力再推算混凝土抗压强度。由于拔出锚杆时，锚杆环向混凝土的胀力大，所以这种方法只适用于体积较大的混凝土构件，不宜在梁、柱、屋架等小截面构件上应用。

一般说来，预埋件拔出法的锚固件与混凝土的黏结力较好，拉拔时着力点较稳固，试验结果也较好。但这种方法必须预先有进行拉拔试验的打算，按计划布置测点和预埋锚固件。当混凝土结构出现质量问题而需要现场检测混凝土的强度时，则只能采用锚杆拔出法。

5. 钻芯法检测混凝土的强度

钻芯法也是一种半破损的现场检测混凝土强度的方法，它是在结构物上直接钻取混凝土试样进行压力检测，测得的强度值能真实反映结构混凝土的质量。但它的试验费用较高，目前国内外都主张把钻芯法与其他非破损方法结合使用，一方面利用非破损法来减少钻芯的数量，另一方面又利用钻芯法来提高非破损法的可靠性。这两者的结合使用是今后的发展趋势。

采用钻芯法测强，除了可以直接检验混凝土的抗压强度外，还有可能在芯样试体上发现混凝土施工时造成的缺陷。

钻芯法测定结构混凝土抗压强度主要适用于：

第一，对试块抗压强度测试结果有怀疑时。

第二，因材料、施工或养护不良而发生质量问题时。

第三，混凝土遭受冻害、火灾、化学侵蚀或其他损害时。

第四，须检测经多年使用的建筑结构或建筑物中混凝土强度时。

钻芯法测定混凝土强度的步骤为：钻取芯样、芯样加工、芯样试压和强度评定。

6.4　混凝土内部缺陷检测

混凝土结构构件的缺陷检测包括外部缺陷检测和内部缺陷检测。混凝土外部缺陷是指混凝土表面存在露筋、蜂窝、孔洞、夹渣、疏松、裂缝、连接部位缺陷，以及其他的外形、外表缺陷等。混凝土内部缺陷是指由于设计失误、施工管理不善或使用不当等，混凝土出现裂缝，内部存在不密实或孔洞等。这些缺陷的存在会严重影响结构的承载力和耐久性，故采用有效的手段查明混凝土缺陷的性质、范围及尺寸，以便进行技术处理，是工程建设中的一个重要内容。我国颁布了相关检测技术规程——《超声法检测混凝土缺陷技术规程》（CECS 21：2000）。这里主要阐述内部缺陷检测。

混凝土和钢筋混凝土在施工过程中，有时因漏振、漏浆等，混凝土内部形成蜂窝状不密实区域或空洞。采用超声检测混凝土内部的不密实区域或空洞的位置和范围，是根据各测点的声时（或声速）、波幅或频率值的相对变化，确定异常测点的坐标位置，从而判定缺陷的范围和位置。检测时，被测部位宜具有一对（或两对）相互平行的测试面，以保证测线能穿过被检测区域。测试范围应大于有怀疑的区域，使测试范围内具有同条件的正常混凝土可进行对比，总测点数不少于 30 个，其中同条件的正常混凝土的对比测点数不少于总测点数的 60%，且不少于 20 个。

当被测构件具有两对相互平行的测试面时，可采用对测法。在测试部位两对相互平行的测试面上，分别画出等间距的网格，网格间距为 100～300mm，并编号确定对应的测点位置。

当构件只有一对相互平行的测试面时，可采用对测和斜测相结合的方法。在测试部位两个相互平行的测试面上分别画出等间距的网格线，在对测的基础上进行交叉斜测。

当构件只有一个测试面时，宜采用钻孔和表面测试相结合的方法，应在测试面中心钻孔，孔中放置径向振动式换能器作为发射点，在以钻孔为中心不同半径的圆周上布置平面换能器的接收测点，同一圆周上测点间距一般为 100～300mm，不同圆周的半径相差 100～300mm，同一圆周上的测点作为同一个构件数据进行分析。

当测位中某些测点的声学参数被判为异常值时，可结合异常测点的分布及波形状况确定混凝土内部存在不密实区及空洞的位置和范围，并估算空洞的尺寸。

6.5 外墙板接缝防水检测

装配式混凝土结构的预制外墙板的接缝及门窗洞口是易发生渗漏的部位。预制构件在现场拼装时，会留下拼装接缝，这些接缝会成为水流渗透的通道，成为防水的关键部位。20 世纪 80 年代初期，国内建筑业曾经开发了一系列新工艺，如大板、升板体系、南斯拉夫预应力板柱体系、预制装配式框架体系等。受当时经济条件和技术水平的制约，预制构件接缝和节点处理不当，引发了渗、漏、裂等建筑物理问题。

目前国内装配式混凝土结构防水薄弱部位主要采用结构防水、材料防水和构造防水相结合的做法。通过这些做法对预制外墙板缝及预制构件与现浇结构之间的裂缝进行控制，对门窗周边、预留洞口等节点部位进行防水处理。所使用的防水密封材料应与混凝土具有相容性，并具有低温柔性、防霉性及耐水性能，其最大变形量、剪切变形性能等均应满足设计要求。

6.5.1 密闭箱风雨试验

例如，某次试验采用雨量以连续一小时最大降雨量 126.4 毫米为基数，应用时按下式计算：

$$雨量（公升/小时·米^2）= 墙面总高度（米）×126.4（公升/时·米^2）/2 \quad (6-9)$$

试验雨量这里采用 760 公升/小时。

风速按 12.9 米/秒计。同时进行更大风速的试验以观察接缝抗渗漏性能。由于采用密闭箱进行风雨模拟试验，因此试验时按下式换算成风压使用：

$$P（风压）毫米水柱 = V^2（风速）米/秒/16 \quad (6-10)$$

试件采用页岩陶粒珍珠岩混凝土及页岩陶粒加气混凝土制成。每组试件总尺寸为 1 050 毫米×1 050 毫米×240 毫米。

下面分析不同接缝的试验结果。

1. 敞开式高低缝

当缝宽为 20 毫米（吊装误差±5 毫米）、雨量为 760 公升/小时、风速在 25.54 米/秒，墙板座浆裂缝宽度在 1 毫米以下或风速在 18.06 米/秒，座浆裂缝宽度在 2 毫米以下都不渗漏。

排水坡为 1/10 坡度时，积水厚度在任何风速下都约为 5 毫米。坡度加大为 1/5 时，积水厚度约为 3 毫米。雨水始终不超越挡水台，防水效果良好。

若吊装误差较大，缝宽仅为 5 毫米时，由于接缝被雨水密封，造成缝内空腔气压较室外风压小，从而产生积水上升现象。积水高度等于风压的水柱高度。本方案当风速 ≤ 18.06 米/秒（即风压 ≤ 20 毫米水柱）时，积水不会超越挡水台而产生渗漏，同样能满足防水要求。

将敞开式高低缝用水泥砂浆勾缝后，进行封闭式高低缝对比试验。在同样风雨条件下，雨水渗入勾缝内空腔后，积水高度随着风速增大而增高。高度为 $V^2/16$。按本方案接缝尺寸做成封闭式高低缝，吊装误差若为 ±5 毫米，当风速大于 18.06 米/秒（即风压为 20 毫米水柱）时即将出现渗漏。虽然也能满足风速为 12.9 米/秒的要求，但安全度较敞开式的差。

2. 双槽单腔垂直缝

当雨量为 760 公升/小时，裂缝在 1 毫米以下，任何风速下都不渗漏。

页岩陶粒加气混凝土比页岩陶粒珍珠岩混凝土容易涸水，但都被第二道凹槽所断绝，起到阻止涸水发展的作用。

3. 十字缝

十字缝是外墙板接缝的薄弱环节。考虑到墙板制作、安装的误差，垂直缝采用分层排水，由十字缝排除。过去的办法是在墙板下部接缝处插个塑料水簸箕来解决。为了插塑料水簸箕，墙板侧面设有斜向凹槽。当采用整体钢侧模蒸汽养护时，制作质量不能保证，很易缺损。同时由于过去用水泥砂浆勾缝，当有风时由于空腔内外存在压力差，雨水有向上吹的现象。因此设计时可以改变排水簸箕设置方法。

经过改造当雨量为 760 公升/小时、座浆处裂缝为 2 毫米时，可以做到在风速为 25.54 米/秒以下不渗漏，从而能满足要求。

进行墙板边沿有裂缝时的试验，淋雨后很快渗漏。

6.5.2　淋水试验

接缝防水施工完成后，必须对整个工程的全部板缝（包括平、立、十字缝，以及阳台板、楼梯间、女儿墙等部位的板缝）进行淋水检验。

淋水试验方法：将直径 20~30 毫米、长 1 米的塑料花管，横放于顶层的立缝部位，进行淋水。水流沿墙面向下，使下面各层平、立缝同时试水。为节约时间，可采用多根花管在不同部位同时试水。每根花管试水量为 17 公斤/分；淋水时间为 1 小时。

淋水时应随即进行检查，并做详细记录。

对淋水渗漏点要查明原因，及时进行修理。修理完成后方能进行外饰面施工。

淋水检验、渗点修理均须做详细记录，并整理保存，作为施工验收技术资料存档备查。

6.6 设备与管线系统检测

6.6.1 设备与管线系统检测的内容与程序

装配式住宅建筑设备与管线系统的检测应包括给水排水、采暖通风与空调、燃气、电气及智能化等内容。

管道检测评估应按下列基本程序进行：

第一步，接受委托。

第二步，现场踏勘。

第三步，检测前的准备。

第四步，现场检测。

第五步，内业资料整理、缺陷判读、管道评估。

第六步，编写检测报告。

6.6.2 给水排水系统检测

检测和评估的单位应具备相应的资质，检测人员应具备相应的资格。

给水排水系统的检测应包括室内给水系统、室内排水系统、室内热水供应系统、卫生器具、室外给水管网、室外排水管网等内容。

给水排水系统检测所用的仪器和设备应有产品合格证、检定机构的有效检定（校准）证书。新购置的、经过大修或长期停用后重新启用的设备，投入检测前应进行检定和校准。

架空地板施工前，架空层内排水管道应进行灌水试验。

排水管道应做通球试验，球径不小于排水管道管径的2/3，通球率必须达到100%。

6.6.3 供暖、通风、空调及燃气

空调系统性能的检测内容应包括风机单位风量耗功率检测、新风量检测、定风量系统

平衡度检测等。检测方法和要求应符合现行行业标准《居住建筑节能检测标准》（JGJT132-2009）的规定。

通风系统检测应包括下列内容：

第一，可对通风效率、换气次数等综合指标进行检测。

第二，可对风管漏风量进行检测。

第三，其他现行国家标准和地方标准规定的内容。

检测用仪器、仪表均应定期进行标定和校正，并应在标定证书有效期内使用。

风管允许漏风量应符合现行国家标准《通风与空调工程施工质量验收规范》（GB50243-2016）的规定。

室内空气中 CO 卫生标准值应小于或等于 $10mg/m^3$（4ppm）。室内空气中 CO_2 卫生标准值应小于或等于 0.10%（1 000ppm 或 $2\,000mg/m^3$）。

空调机组噪声的合格判据应符合规定，其他设备的噪声应符合相应产品的标准、规范的要求。

通风与空调系统的综合性能的应测项目，按照抽检数量其检测结果应合格。

装配式住宅建筑采暖通风与空调系统的检测除应符合本标准的规定外，尚应符合现行行业标准《采暖通风与空气调节工程检测技术规程》（JGJ/T 260-2011）的规定。

燃气管道焊缝外观质量应采用目测方式进行检测。对接焊缝内部质量可采用射线探伤检测，检测方法应符合现行国家标准《无损检测　金属管道熔化焊环向对接接头射线照相检测方法》（GB/T 12605-2008）的规定，且焊缝质量不应低于Ⅲ级焊缝质量标准。

燃气系统的检测应包括室内燃气管道、燃气计量表、燃具和用气设备，检测方法应符合现行行业标准《城镇燃气室内工程施工与质量验收规范》（CJJ94-2009）的规定。

6.6.4　电气和智能化

设备与管线各项指标的检测结果符合设计要求可判定为合格。

1. 安装质量检测内容

安装质量检测应包括下列内容：

第一，缆线在入口处、电信间、设备间的环境检测。

第二，电信间、设备间设备机柜和机架的安装质量。

第三，电缆桥架和线槽布放质量的检测。

第四，缆线暗敷安装质量的检测。

第五，配线部件和 8 位模块式通用插座安装质量的检测。

第六，缆线终接质量的检测。

2. 安装质量检测方法

安装质量的检测应采用下列方法：

第一，检查随工检验记录和隐蔽工程验收记录。

第二，现场检查系统施工质量。

装配式住宅建筑的电气系统的检测方法应符合现行国家标准《建筑电气工程施工质量验收规范》（GB50303-2015）的规定。装配式住宅建筑的防雷与接地应全数检查。符合设计要求为合格，合格率应为100%。

3. 防雷与接地系统检测

防雷与接地系统检测应包括：防雷与接地的引接；等电位连接和共用接地；增加的人工接地体装置；屏蔽接地和布线；接地线缆敷设。

（1）检查防雷与接地系统的验收文件记录。

（2）等电位连接和共用接地的检测应符合要求：①检查共用接地装置与室内总等电位接地端子板连接，接地装置应在不同处采用两根连接导体与总等电位接地端子板连接；其连接导体的截面积，铜质接地线不应小于35mm²，钢质接地线不应小于80mm²。②检查接地干线引至楼层等电位接地端子板，局部等电位接地端子板与预留的楼层主钢筋接地端子的连接情况。接地干线采用多股铜芯导线或铜带时，其截面积不应小于16mm²，并检查接地干线的敷设情况。③检查楼层配线柜的接地线，应采用绝缘铜导线，其截面积不应小于16mm²。④采用便携式数字接地电阻计实测或检查接地电阻测试记录，检查接地电阻值应符合设计要求，防雷接地与交流工作接地、直流工作接地、安全保护接地共用一组接地装置时，接地装置的接地电阻值必须按接入设备中要求的最小值确定。⑤检查暗敷的等电位连接线及其他连接处的隐蔽工程记录应符合竣工图上注明的实际部位走向。⑥检查等电位接地端子板的表面应无毛刺、无明显伤痕、无残余焊渣，安装应平整端正、连接牢固；接地绝缘导线的绝缘层应无老化龟裂现象；接地线的安装应符合设计要求。

（3）智能化人工接地装置的检测应符合要求：①采用检查验收记录，检查接地模块的埋设深度、间距和基坑尺寸；②接地模块顶面埋深不应小于0.6m，接地模块间距不应小于模块长度的3~5倍；③接地模块埋设基坑的尺寸宜采用模块外表尺寸的1.2~1.4倍，且在开挖深度内应有地层情况的详细记录。

（4）检查设备电源的防浪涌保护设施和其与接地端子板的连接。

（5）设备的安全保护接地、信号工作接地、屏蔽接地、防静电接地和防浪涌保护器接地等，均应连接到局部等电位接地端子板上。

（6）智能化系统接地线缆敷设的检测应符合下列要求：接地线的截面积、敷设路由、安装方法应符合设计要求；接地线在穿越墙体、楼板和地坪时应加装保护管。

装配式住宅建筑的防雷与接地检测方法应符合现行国家标准《建筑物防雷装置检测技术规范》（GB/T 21431-2015）的规定。

6.7　结构性能检测

建筑工程许多设备的功能或性能都可以直接通过试运行进行检验，但是对结构性能却无法采用同样的方式，因为加载试验是一种破坏性试验（局部破坏或结构全部破坏）。混凝土结构在加载不多的情况下即可能产生裂缝、变形（挠度），并在卸载后留下不可恢复的缺陷（残余挠度和残余裂缝）。而承载力检验也只有通过加载到结构破坏（出现承载力检验标志）才能得到确切的结论。这样，检验后对已破坏结构处理的任务就十分艰巨，有些难度十分大，有些甚至不可能恢复。

此外，进行结构性能检验的试验加载量将是巨大的。在正常情况下为几十吨到几百吨，其试验工程量不会小于区域混凝土结构的施工工作量，而且有些荷载（如模拟风力的水平荷载）已经很难在正常情况下实施加载了。

因此，在实际工程中，对混凝土结构而言，除为了进行科研探索及对事故进行鉴定分析和加固处理而不得不进行这类加载试验外，一般很少进行结构性能检验。

6.7.1　结构构件性能检验

对混凝土预制构件应按要求随机抽样进行结构性能检验，经结构性能检验不合格的预制构件不得在工程中采用。

检验结构性能最常用的方法是进行结构荷载试验，即通过对试验构件施加荷载，观测结构的受力反应（变形、裂缝、破坏），进而判断构件性能。

荷载试验按其在结构上作用荷载的特性不同，可分为静荷载试验（简称静载或静力试验）和动荷载试验（简称动载或动力试验）；按荷载在试验结构上的持时不同，可分为短期荷载试验和长期荷载试验，具体可以参见《混凝土结构现场检测技术标准》等相关标准。

6.7.2　钢结构性能的检测

对结构或构件的承载力存有异议时，可进行原型或足尺模型荷载试验。试验前应制订详细的试验方案，包括试验目的、试件的选取或制作、加载装置、测点布置和测试仪器、加载步骤及试验结果的评定方法等，下面主要介绍钢结构构件性能的静力荷载检验。钢结构构件性能的静力荷载检验分为使用性检验、承载力检验和破坏性检验。使用性检验和承载力检验的对象可以是实际的结构或构件，也可以是足尺模型；破坏性检验的对象可以是不再使用的结构或构件，也可以是足尺模型。需要指出的是，适用于钢结构构件性能的静力荷载试验，不适用于冷弯型钢、压型钢板及钢混组合结构性能和普通钢结构疲劳性能的检验。检验装置和设置，应能模拟结构实际荷载的大小和分布，反映结构或构件实际工作状态，加荷点和支座处不得出现不正常的偏心，同时应保证构件的变形和破坏不影响测试数据的准确性及不造成检验设备的损坏和人身伤亡事故。

对于大型复杂钢结构体系，可进行原位非破坏性实荷检验，直接检验结构性能。对结构或构件的承载力有异议时，可进行原型或足尺模型荷载试验。试验应委托具有足够设备能力的专门机构进行。试验前应制订详细的试验方案，包括试验目的、试件的选取或制作加载装置、测点布置和测试仪器、加载步骤以及试验结果的评定方法等。对于大型、重要和新型钢结构体系，宜进行实际结构动力测试，确定结构自振周期等动力参数，钢结构杆件的应力，可根据实际条件选用电阻应变仪或其他有效的方法进行检测。

1. 钢结构性能的静力荷载检测

（1）一般规定。以下方法适用于普通钢结构性能的静力荷载检测，不适用于冷弯型钢和压型钢板以及钢—混组合结构性能和普通钢结构疲劳性能的检测。

检测的荷载，应分级加载，每级荷载不宜超过最大荷载的20%，在每级加载后应保持足够的静止时间，并检查构件是否存在断裂、屈服、屈曲的迹象。

变形的测试，应考虑支座的沉降变形影响，正式检测前应施加一定的初始荷载，然后卸荷，使构件贴紧检测装置。加载过程中应记录荷载变形曲线，当这条曲线表现出明显非线性时，应减小荷载增量。

达到使用性能或承载力检测的最大荷载后，应持荷至少1h，每隔15min测取一次荷载和变形值，直到变形值在15min内不再明显增加为止，然后应分级卸载，在每一级荷载和卸载全部完成后测取变形值。

当检验用模型的材料与所模拟结构或构件的材料性能有差别时，应进行材料性能的检测。

（2）使用性能检测。使用性能检测以证实结构或构件在规定荷载的作用下不出现过大的变形和损伤，经过检测且满足要求的结构或构件应能正常使用。

在规定荷载作用下，某些结构或构件可能会出现局部永久性变形，但这些变形的出现应是事先确定的且不表明结构或构件受到损伤。

检测的荷载，应取下列荷载之和：实际自重×1.0+其他恒载×1.15+可变荷载×1.25。经检测的结构或构件应满足下列要求：荷载–变形曲线宜为线性关系；卸载后残余变形不应超过所记录到的最大变形值的20%。

当上述要求不满足时，可重新进行检测，第二次检测中的荷载–变形应基本上呈线性关系，新的残余变形不得超过第二次检测中所记录到的最大变形值的10%。

（3）承载力检测。承载力检测用于证实结构或构件的设计承载力。在进行承载力检测前，宜先进行上面所述使用性能检测且检验结果满足相应的要求。

承载力检测的荷载，应采用永久和可变荷载适当组合的承载力极限状态设计荷载。承载力检测结果的评定：检测荷载作用下，结构或构件的任何部分不应出现屈曲破坏或断裂破坏；卸载后结构或构件的变形应至少减少20%。

（4）破坏性检测。破坏性检测用于确定结构或模型的实际承载力。进行破坏性检测前，宜先进行设计承载力的检测，并根据检测情况估算被检测结构的实际承载力。

破坏性检测的加载，应先分级加载到设计承载力的检测荷载，根据荷载变形曲线确定随后的加载增量，然后加载到不能继续加载为止，此时的承载力即为结构的实际承载力。

2. 钢结构性能的动力检测

（1）结构动力测试方法

第一，测试结构的基本振型时，宜选用环境振动激励，在满足测试要求的前提下也可选用初位移等其他方法。

第二，测试结构平面内多个振型时，宜选用稳态正弦波激振法。

第三，测试结构空间振型或扭转振型时，宜选用多振源相位控制同步的稳态正弦波激振法或初速度法。

第四，评估结构的抗震性能时，可选用随机激振法或人工爆破模拟地震法。

（2）动力测试设备、仪器要求

第一，当采用稳态正弦激振的方法进行测试时，宜采用旋转惯性机械起振机，也可采用液压伺服激振器，使用频率范围宜在0.5~30Hz，分辨率应高于0.01Hz。

第二，可根据需要测试的动参数和振型阶数等具体情况选择加速度仪、速度仪或位移仪，必要时可选择相应的配套仪表。

第三，应根据需要测试的最低和最高阶频率选择仪器的频率范围；测试仪器的量程应根据被测试结构振动的强烈程度来选定。

第四，测试仪器的分辨率应根据被测试结构的最小振动幅值来选定。

第五，传感器的横向灵敏度应小于 0.05。

第六，进行瞬态过程测试时，测试仪器的可使用频率范围应比稳态测试时大一个数量级。

第七，传感器应具备机械强度高、安装调节方便，自重轻且便于携带，防水、防电磁干扰等性能。

第八，记录仪器或数据采集分析系统、电平输入及频率范围应与测试仪器的输出相匹配。

（3）结构动力测试

第一，脉动测试。避免环境及系统干扰；测试记录时间，在测量振型和频率时不应少于 5min，在测阻尼时不应少于 30min；当因测试仪器数量不足而做多次测试时，每次测试中应至少设置一个共同的参考点。

第二，机械激振振动测试。应正确选择激振器的位置，合理选择激振力，防止引起被测试结构的振型畸变；当激振器安装在楼板上时，应避免楼板的竖向自振频率和刚度的影响，激振力应具有传递途径；激振测试中宜采用扫频寻找共振频率，在共振频率附近进行测试时，应保证半功率带宽内有不少于 5 个频率的测点。

第三，施加初位移的自由振动测试。应根据测试的目的布置拉线点；拉线与被测试结构的连接部分应具有整体向被测试结构传递力的能力；每次测试时应记录拉力数值和拉力与结构轴线间的夹角；量取波值时，不得取用突断衰减的最初两个波；测试时不应使被测试结构出现裂缝。

（4）结构动力测试的数据处理要求

第一，时域数据处理。对记录的测试数据应进行零点漂移、记录波形和记录长度的检验；被测试结构的自振周期，可在记录曲线上比较规则的波形段内取有限个周期的平均值；被测试结构的阻尼比，可按自由衰减曲线求取，在采用稳态正弦波激振时，可根据实测的共振曲线采用半功率点法求取；被测试结构各测点的幅值，应用记录信号幅值除以测试系统的增益，并按此求得振型。

第二，频域数据处理。采样间隔应符合采样定理的要求；对频域中的数据应采用滤波、零均值化方法进行处理；被测试结构的自振频率，可采用自谱分析或傅立叶谱分析方法求取；被测试结构的阻尼比，宜采用自相关函数分析、曲线拟合法或半功率点法确定；被测试结构的振型，宜采用自谐分析互谱分析或传递函数分析方法确定；对于复杂结构的测试数据，宜采用谱分析、相关分析或传递函数分析等方法确定。

测试数据处理后应根据需要提取被测试结构的自振频率、阻尼比和振型，以及动应力和加速度最大幅值、时程曲线、频谱曲线等分析结果。

6.7.3 装配式构件性能检测

装配式构件检测可分为三大类，分别为装配式混凝土构件检测、装配式钢结构检测以及装配式木结构检测。

各类装配式构件检测除基本检测内容外，主要涉及结构构件之间的连接质量检测。目前在装配式结构中，主要采用灌浆套筒连接、浆锚搭接。灌浆属于隐蔽工程，无法直接判断灌浆的密实程度，而灌浆质量直接影响建筑物的受力和抗震性能，所以灌浆密实是保证装配式结构安全的前提。对灌浆密实度检测目前常用的方法有以下四种：

1. 超声波法

超声波法是利用超声波在不同介质下的传播速度来反映介质内是否存在缺陷的一种方法。通过国内外超声波检测技术对桥梁管道压浆质量的试验研究，简述了超声波检测的原理、方法，数据处理，并建议使用低频率的横波代替高频率的纵波来提高检测精度。通过钢筋套筒灌浆有无缺陷作为对比组，研究得到套筒内灌浆无缺陷表现为：波速大，较缺陷介质大 1 000 m/s，振幅明显，波形图规则；套筒内灌浆有缺陷表现为：波速较小，振幅不明显，波形图曲线崎岖，不规则。超声波法具有指向性好、穿透力较强、振幅变化、频率变化等特性，在检测不同壁厚金属波纹管内部浆料时，管壁越厚越不易检测。但是由于套筒是预埋在构件中，所以这种方法不宜在现场检测套筒灌浆密实度。

2. 嵌入式感应装置法

嵌入式感应装置法是把感应装置放入被测对象的浆料内部，利用嵌入灌浆连接内部的感应装置感应灌浆料回流的一种检测方法。在基于嵌入式的便携锚杆无损检测设备研究中，利用带有数据采集仪传感器的锚杆，通过对锚杆自由端的作用，带有传感器的一端接收信号，分析反射波参数，得出锚杆锚固缺陷的具体情况。嵌入式感应装置法对于混凝土的检测研究具有操作简便、高效等优点，但是由于套筒灌浆连接自身条件的限制，如套筒灌浆连接的内部尺寸限制、嵌入式感应装置的价格昂贵等，目前该种方法只能定性地分析套筒灌浆连接内部的回流等缺陷情况，不能定量分析套筒灌浆连接的密实程度。

3. 冲击回波法

冲击回波法技术越来越广泛地应用于桥梁、水利、建筑、公路、隧道等工程领域的无损检测中，并取得了良好的技术和经济效益。

冲击回波法原理本质上是"在构件表面利用瞬时机械冲击产生低频的应力波，应力波传播到结构内部，遇到波阻抗有差异的界面（如构件底面或缺陷表面）时被反射回来，并在构件底部、内部缺陷表面和构件表面之间来回反射产生纵波共振，通过测试冲击弹性波引起的振动主频率比来确定构件厚度及其内部缺陷位置的方法"。[①]

冲击回波法曾被列为最具有发展前途的现场检测方法之一，解决了超声波法两面布设传感器的不足。

4. X 射线

X 射线法是以 X 射线从多个方向沿着被测对象某一选定断层层面进行照射，测定透过的 X 射线量，经过计算机的数据分析处理，重建图像的一种技术。该种方法可用于两面互测的钢管混凝土结构，沿钢管的径向布置测线。

---

①侯高峰. 冲击回波法检测技术现状与发展［J］. 工程与建设，2016，30（06）：802-805.

第7章　装配式混凝土结构发展的未来展望

本章结合装配式建筑技术发展趋势及行业前沿方向，对装配式混凝土建筑构件预制与安装相关的技术发展做简单展望。追求经济利益的同时付出的是资源的巨大浪费和环境的严重污染，严重制约着建筑业未来的发展。因此改变传统施工模式，实现绿色施工对于实现建筑业可持续发展和建设节约型社会具有重要意义。

7.1　装配式建筑结构发展趋势

装配式建筑结构类型有混凝土结构、钢结构和木结构，拓展一些范围有混凝土结构与木结构组合的装配式建筑、混凝土结构与钢结构组合的装配式建筑。以江苏省为例，2017年2月14日起，江苏省住房和城乡建设厅、省发展改革委、省经信委、省环保厅、省质监局联合发布《关于在新建建筑中加快推广应用预制内外墙板预制楼梯板预制楼板的通知》（苏建科〔2017〕43号），正式启动新建建筑"三板"（预制内外墙板、预制楼梯板、预制楼板）推广应用以来，江苏各地区推广应用装配式建筑的速度加快，但从各地工程质量监督部门在装配式混凝土建筑工程工地现场实体检查的检测结果来看也反映了良莠不齐的装配质量问题。总结近年江苏推广应用装配式建筑的经验，认为在以下方面值得努力创新发展：

第一，维持江苏推广应用"三板"（预制内外墙板、预制楼梯板、预制楼板）的政策稳定性，推出高质量建造装配式建筑的新目标。现有的装配式混凝土建筑，预制梁与预制柱、预制梁与预制板、预制墙板与预制板等预制构件间的连接基本以"湿连接"为主，依靠现场叠合现浇混凝土形成抗震性能良好的装配整体式结构。但是，施工现场预制构件的安装作业与现浇部分的绑扎钢筋和支模作业混合在一起，大幅降低了装配式建筑快捷高效的先进性。

针对江苏目前以推广"三板"为主的装配式建筑现状，应总结前一阶段苏南和苏北各地在推广应用装配式建筑工程中成功的经验以及出现的问题和教训，在提升基于"三板"预制构件应用的工程质量上下功夫，杜绝钢筋灌浆套筒连接的质量问题，研发和试点应用先进的工具式模板和支撑系统，逐步改变预制叠合板下钢管支撑系统与现浇混凝土楼板相同的现状。

第二，加大装配式新结构体系的研发，积极推进融合装配式混凝土结构和钢结构体系优点的装配式组合结构新体系的深度研究与试点工程应用，并探索从多高层装配式框架组合结构试点应用过渡到装配式框架–剪力墙组合结构的试点应用，形成新的推广应用亮点。

第三，加强对装配式建筑全产业链从业相关工程技术人员到作业操作人员的技能培训，特别是施工现场安装预制构件的作业人员专业化技能培训。

第四，及时梳理江苏各地已建成的预制构件生产基地，分等级管理，优胜劣汰，保证预制构件优质生产供应。

7.2　建筑工业化及绿色建筑

7.2.1　建筑工业化

工业革命是以机器取代人力、以大规模工厂化生产取代个体工场手工生产的一场生产与科技革命。第一次工业革命（18世纪60年代—19世纪中期），人类进入蒸汽时代；第二次工业革命（19世纪70年代—20世纪初），人类进入电气时代，并发明内燃机、电话；第三次工业革命（第二次世界大战之后），人类进入信息时代，出现生物克隆技术、航天科技、计算机技术等。工业革命引起了生产组织形式的变化，带来了城市化和人口向城市的转移，也给人们的日常生活和思想观念带来了巨大的变化。

所谓工业化，联合国欧洲经济委员会的定义包括以下六个方面的内容：

第一，生产的连续性——即需要稳定的流程，在建筑工程中意味着现场作业的全面组织化。

第二，生产物的标准化——要把特定的作业从现场转移到工厂生产，在工厂里完成生产物的大部分生产活动。

第三，全部生产工艺的各个阶段的统一或集约化。

第四，工程的高度组织化。

第五，要用机械劳动代替手工劳动。

第六，与生产活动一体化的研究和试验。

根据《工业化建筑评价标准》，建筑工业化，是指通过现代化的制造、运输、安装和科学管理的大工业的生产方式，来代替传统建筑业中分散的、低水平的、低效率的手工业生产方式，它的主要标志是建筑设计标准化、构配件生产工厂化、施工机械化、组织管理科学化。

建筑工业化的基本内容是：采用先进、适用的技术、工艺和装备，科学合理地组织施工，发展施工专业化，提高机械化水平，减少繁重、复杂的手工劳动和湿作业；发展建筑构配件、制品、设备生产并形成适度的规模经营，为建筑市场提供各类建筑使用的系列化的通用建筑构配件和制品；制定统一的建筑模数和重要的基础标准，合理解决标准化和多样化的关系，建立和完善产品标准、工艺标准、企业管理标准、工法等，不断提高建筑标准化水平；采用现代管理方法和手段，优化资源配置，实行科学的组织和管理，培育和发展技术市场和信息管理系统，适应发展社会主义市场经济的需要。

产业化是指某种产业在市场经济条件下，以行业需求为导向，以实现效益为目标，依靠专业服务和质量管理，形成的系列化和品牌化的经营方式和组织形式。

根据联合国使用的产业分类方法：第一产业包括农业、林业、牧业、副业和渔业；第二产业包括制造业、采掘业、建筑业和公共工程、上下水道、煤气、卫生部门；第三产业包括商业、金融、保险，不动产业、运输、通信业、服务业及其他非物质生产部门。

"产业化" 通常就是指 "第二产业化"，即 "工业化"。

1. 宏观方面

建筑产业化，宏观上包括以下方面：

（1）建筑生产工业化。主要指在建筑产品形成过程中，将大量的构部件通过工业化（工厂化）的生产方式，最大限度地加快建设速度，改善作业环境，提高劳动生产率，降低劳动强度，减少资源消耗，保障工程质量和安全生产，减少污染物排放，以合理的工时及成本来建造适合各种使用要求的建筑。建筑生产工业化又可以分为三部分：一是建筑设计标准化；二是中间产品工厂化；三是施工作业机械化。

（2）管理的国际化、信息化、产业链集成化。随着经济全球化，工程项目管理必须将国际化与本土化、专业化进行有机融合，将建筑产品生产过程中各个环节通过统一的、科学的组织管理来加以综合协调，如 BIM 技术的应用、工程总承包的组织管理模式等，都可以在有限的时间内发挥最有效的作用，提高资源的利用效率，创造更大的效用价值。

（3）产业工人技能化。随着建筑业科技含量的提高，繁重的体力劳动将逐步减少，复杂的技能型操作工序将大幅度增加，但对操作工人的技术能力也提出了更高的要求。

（4）最终产品绿色化。

2. 微观方面

狭义的建筑产业化涉及以下方面：

（1）建筑设计标准化。设计标准化是建筑生产工业化的前提条件，包括建筑设计的标准化、建筑体系的定型化、建筑部品的通用化和系列化。建筑设计标准化就是在设计中按照一定的模数标准规范构件和产品，形成标准化、系列化的部品，减少设计的随意性，并简化施工手段，以便建筑产品能够进行成批生产。建筑设计标准化是建筑产业化现代化的基础。

（2）中间产品工厂化。中间产品工厂化是建筑生产工业化的核心，它是将建筑产品形成过程中需要的中间产品（包括各种构配件等）由施工现场转入工厂化制造，以提高建筑物的建设速度、减少污染、保证质量、降低成本。

（3）施工作业机械化。机械化不仅能使目前已形成的钢筋混凝土现浇体系的质量安全和效益得到提升，更是推进建筑生产工业化的前提，它将标准化的设计和定型化的建筑中间投入产品的生产、运输、安装，运用机械化、自动化生产方式来完成，从而达到减轻工人劳动强度、有效缩短工期的目的。

7.2.2 绿色施工

1. 绿色施工概念

绿色施工是指工程建设中，在保证质量、安全等基本要求的前提下，通过科学管理和技术进步，最大限度地节约资源与减少对环境负面影响的施工活动，实现"四节一环保"（节能、节地、节水、节材和环境保护）。

绿色施工是以保持生态环境和节约资源为目标，对工程项目施工采用的技术和管理方案进行优化并严格实施，确保施工过程安全高效、产品质量严格受控。

2. 预制装配式混凝土结构绿色施工的重要意义

传统住宅建筑中，钢筋混凝土结构占有很大的比重，而且目前均采用能耗高、环境污染严重的全现浇湿作业生产。国内外大量工程实践表明，采用预制混凝土结构替代传统的现浇结构可节约混凝土和钢筋的损耗，每平方米建筑面积可节约 25%～30% 的人工，总体工期也能缩短。同时，这种新模式打破了传统建造方式受工程作业面和气候条件的限制，在工厂里可以成批次地重复建造，使高寒地区施工告别"半年闲"。可见，采用混凝土预制装配技术来实现钢筋混凝土建筑的工业化生产节能、省地、环保，具有重要的社会经济意义。

近些年发展迅速的装配式混凝土建筑及住宅，受到了地产、施工界的广泛关注，其省材、省工、节能、环保的特点与绿色施工的要求十分契合，为绿色施工提供了一个很好的平台。

3. 预制装配式结构绿色施工原则

第一，绿色施工是装配式混凝土建筑全寿命周期管理的一个重要部分。实施绿色施工，应进行总体方案优化。在规划设计阶段，应充分考虑绿色施工的总体要求，为绿色施工提供基础条件。

第二，实施绿色施工，应对施工策划、材料采购、现场施工、工程验收等各阶段进行控制，加强对整个施工过程的管理和监督。

第三，绿色施工所强调的"四节"（即节能、节地、节水、节材）并非只以项目"经济效益最大化"为基础，而是强调在环境和资源保护前提下的"四节"，是强调以"节能减排"为目标的"四节"。

4. 绿色施工推进建议

建筑业推进绿色施工面临的困难和问题不少。因此，迅速造就全行业推进绿色施工的良好局面，是摆在政府、建筑行业和相关企业面前迫切需要解决的问题。绿色施工不能仅限于概念炒作，必须着眼于政策法规保障、管理制度创新、四新技术开发、传统技术改造，促使政府、业主和承包商多方主体协同推动，方能取得实效。

（1）进一步加强绿色施工宣传和教育，强化绿色施工意识。世界环境发展委员会指出：未能克服环境进一步衰退的主要原因之一，是全世界大部分人尚未形成与现代工业科技社会相适应的新环境伦理观。在我国，建筑业从业人员虽已认识到环境保护形势严峻，但环境保护的自律行动尚处于较低水平；同时，对绿色施工的重要性认识不足，这在很大程度上影响了绿色施工的推广。因此，利用法律、文化、社会和经济等手段，探索解决绿色施工推进过程中的各种问题和困难，广泛进行持续宣传和职工教育培训，提高建筑企业和施工人员的绿色施工认知，进而调动民众参与绿色施工监督，提高人们的绿色意识是推动绿色施工的重中之重。

（2）建立健全法规标准体系，强力推进绿色施工。对于具体实施企业，往往需要制定更加严格的施工措施、付出更大的施工成本，才能实现绿色施工。这是制约绿色施工推进的主要原因。绿色施工在部分项目进行试点推进是可能的，但要在面上整体、持续推进，必须制定切实措施，建立强制推进的法律法规和制度。只有建立健全基于绿色技术推进的国家法律法规及标准化体系，进一步加强绿色施工实施政策引导，才能使工程项目建设各方各尽其责，协力推进绿色施工；才能使参与竞争者处于同一起点，为相同目标付出相同成本而竞争；才能解决推进过程中的成本制约，促使企业持续推进绿色施工，实现绿色施工的制度化和常态化。

（3）各方共同协作，全过程推进绿色施工。系统推进绿色施工，主要可从以下四方面着手：

第一，政策引导，政府基于宏观调控的有效手段和政策，系统推出绿色施工管理办法、实施细则、激励政策和行为准则，激励和规范各方参与绿色施工活动。

第二，市场倾斜，逐渐淘汰以工期为主导的低价竞标方式，培育以绿色施工为优势的建筑业核心竞争力。

第三，业主主导，工程建设的投资方处于项目实施的主导位置，绿色施工须取得业主的鼎力支持和资金投入才能有效实施。

第四，全过程推进，施工企业推进绿色施工必须建立完整的组织体系，做到目标清晰、责任落实、管理制度健全、技术措施到位，建立可追溯性的见证资料，使绿色施工切实取得实效。

（4）增设绿色施工措施费，促进绿色施工。推进绿色施工有益于改善人类生存环境，是一件利国利民的大事。但对于具体企业和工程项目，绿色施工推进的制约因素很多，且成本增加较大。因此，借鉴"强制设置人防费"的政策经验，可由政府主管部门在项目开工前向业主单位收取"绿色施工措施费"。绿色施工达到"优良"标准，将绿色施工措施费全额拨付给施工单位；达到"合格"要求，可拨付70%；否则，绿色施工措施费全额收归政府，用于污染治理和环境保护。这项政策一旦实施，必将提升绿色施工水平，改善生态环境。

（5）开展绿色施工技术和管理的创新研究和应用。绿色施工技术是推行绿色施工的基础。传统工程施工的目标只有工期、质量、安全和企业自身的成本控制，一般不包含环境保护的目标；传统施工工艺、技术和方法对环境保护的关注不够。推进绿色施工，必须对传统施工工艺技术和管理技术进行绿色审视，依据绿色施工理念对其进行改造，建立符合绿色施工的施工工艺和技术标准。同时，全面开展绿色施工技术的创新研究，包括符合绿色理念的四新技术、资源再生利用技术、绿色建材、绿色施工机具的研究等，并建立绿色技术产学研用一体化的推广应用机制，以加速淘汰污染严重的施工技术和工艺方法，加快施工工业化和信息化步伐，有效推进绿色施工。

7.2.3　绿色建筑

1. 绿色节能建筑工程在实际建设中的应用

在建设项目过程中，不可避免地门窗项目会对空气环境产生很大的污染。只有绿色节能建筑才能将停留在表面上，而且自然光引起的灰尘进行有效的解决。从本质上讲，为了达到更高的门窗节能施工效果，施工单位应着眼于持续降低房屋的能耗。

这其中产生的污染严重的问题，对人类的危害是不可估量的，最简单的例子，如果建造高层建筑物时在地面上产生灰尘，则可以使用洒水器减少灰尘。如果对房屋进行了翻新，则可以使用一些隔音处理棚或隔音墙来避免夜间施工对人类的影响。在中国北方，由于冬天相对寒冷，可以在门窗结构中使用低辐射玻璃，这种玻璃不易反射，可以防止阳光以较高的透光率进入室内，避免了冷湿的空气的侵入，起到了很好的空气保温的效果。而在长年气温炎热的中国南方，在实际建筑中则可以采用中空玻璃的绿色门窗，它具有很好的隔热功能，可以有效屏蔽过多的热量，使屋内空气温度保持在较低的状态，避免了居民大量使用空调等制冷设备带来的环境污染。

2. 建筑物联网的应用技术

（1）自然通风、机械通风与空调送风（含岗位送风）的多元智能控制技术。根据人们的用能习惯及节能要求，使用控制器使自然通风、机械通风与空调送风设备在夏季时保证设定温度在 26℃，在冬季时保证设定温度 18℃，这样既保证了舒适温度，又降低了空调用量，避免了能源浪费。在过渡季，当室外温度满足要求时，风盘处于通风运行模式并不打开空调水阀，节约能源。

按照自然通风、机械通风与空调送风（含岗位送风）传统的控制模式，以单变量闭环控制为主。例如，对于风机盘管系统来说，以测量的现场温度为变量，控制冷却水阀门的开启，调节现场的温度至设定值；对于变风量系统来说，以测量的风管压力为变量，控制变频器的输出频率，调节空调系统的送风量至设定值，以上两种控制模式都是为了通过对现场温度的控制，实现对建筑环境参数的控制，满足人体舒适度的要求。因此，传感器的设置原则都是以"温度控制"为主要目标，系统的控制策略也是以"温度控制"的准确性、稳定性和快速响应来考量设备运行控制的效果。

但是，从绿色节能的控制目标出发，我们不能仅仅局限于调节控制现场温度以保障人们对环境舒适度的要求，还应该提高建筑能效水平。就拿空调机运行控制来看，为了输送冷量达到控制现场温度的目的，空调机消耗了冷量和电量，机电设备运行需要依靠电动机的运转产生动力，如果根据电动机所带负载的大小及特点，尽量让电动机在最佳负载率状态下运行，其效率会越高、损耗越小，从而提高异步电机的运行效率，降低功率损耗，达到节能的目的。所以对空调机的控制是一个多变量的控制系统，需要进行多元智能控制。需要监测送风温度、电机频率、空调机能效，通过水阀开度调节控制冷量输送量，通过变额器频率调节控制风机转速。而水阀开度调节和变频器频率调节是一个耦合量，需要通过空调机运行的能效比来判断两个控制量的平衡点和优先级，确定水阀开度调节优先，还是变频器频率调节优先。所以，基于提高设备运行能效比的目的，采用多元智能控制技术进行现场温度调节控制，不仅可以满足舒适度的要求，也可以满足节能的要求。

（2）室内自然采光、遮阳与人工照明的多元智能技术。基于物联网的通信及传输技术可以实现同一建筑环境中的传感器和控制器的联动控制，信息传送和控制不需要通过上位机跨平台处理。对室内照度的控制，可以根据系统时钟计算太阳入射角，通过采集室内和室外照度传感器照度数据，实现智能电动窗帘控制器和智能灯光控制器联调进行控制。"智能灯光控制器还可以测量照明能耗数据，便于进行能耗计量统计。"[①]

（3）基于物联网的智慧建筑数据采集技术研究。测控点的设置原则与方法：在建筑内，根据建筑空间分布特点设置智能节点，每 $30 \sim 50 m^2$ 的空间设置一个智能节点，每个智能节点汇接 500 个智能设备。这些智能设备包括传感器和测控单元，空间内智能设备之间的信息交互和控制，可以在本地智能节点中完成，智能设备可以独立完成对被控设备的智能化管理，包括设备运行数据的采集和运行状态的控制。

（4）基于智慧建筑的微测控终端与标准测控终端结构体系研究。测控体系结构应用技术及设计原则：微测控终端属于一体化的智能设备，它包含了检测、存储和控制功能，可以内置和外接传感器和执行器组成功能更强大的智能设备，完成被控设备静态和动态数据的采集，以及运行状态的调节和控制。设备的静态参数包括产地、品牌、批次、额定参数、设备编号等，可以通过手工录入存储在智能设备中；动态数据包括电流、电压、功率、报警信息、通信故障等，通过自身或外部设置的传感器采集获得，存储在智能设备中，供自身运行控制及外部信息调用。

3. 绿色建筑和生态智慧城市框架模型

生态智慧城市是指在遵循绿色发展理念前提下，以满足城市生态、社会文明及绿色经济为核心任务的智慧城市新模式。它以绿色生态文化为精神引领，以绿色数字经济为发展

---

①郭卫宏，胡文斌．岭南历史建筑绿色改造技术集成与实践［M］．广州：华南理工大学出版社，2018.

核心，以绿色智慧建筑为基础支撑，可依据实际需求采用以城市大脑为管理中心的有中心架构模式或去中心化自组织的无中心架构模式，具有实时感知、智能控制、自主学习、智能决策、产业集聚、资源集约、能效最优、知识溢出八大特征。

实时感知、智能控制、自主学习、智能决策是生态智慧城市的基础特征，也是基本功能。产业集聚对劳动生产率提高、企业协作高效化、创新能力培育均可产生积极影响，是产业转型升级的重要保障。资源集约和能效最优是生态智慧城市的标签，也是终极目标，贯穿于城市生产、生活、建设等全领域。知识溢出是新思想的来源，是促成集聚经济的原动力，对创新社区、创新社会的形成起到直接推动作用，也是生态智慧城市可持续发展的关键支撑。

杜明芳[1]提出一种生态智慧城市的规划方法，该方法所涵盖的具体思路为：以人工智能理论和技术为核心驱动要素，以人工智能伴随技术——物联网（NBIoT，LoRa 等）、大数据、云计算、5G、IPv6 为辅助驱动要素，以智能化应用技术与系统为技术支撑要素，以绿色智慧城市细分领域为应用场景。总的来说，是一种以技术为驱动、需求为牵引的自底向上的构建方法。

在杜明芳所提出的生态智慧城市体系中，以产业升级、生态宜居为主要目标，综合考虑保证城市可持续发展的动态适应能力等因素，重点规划五个方面的内容：绿色智慧建筑与社区、绿色智能制造、绿色智慧交通、绿色智慧能源、绿色众筹金融。

（1）绿色智慧建筑与社区。绿色智慧建筑规划的重点方向为近零耗建筑及建筑群，重点孵化诸如节能门窗、超低能耗建筑相关的新技术、新工艺和新成果，推动建筑节能产业向标准化、低碳化和智能化方向转型升级。开发以绿色生态为特色的海绵社区项目，承载社区健康服务、社区养老服务功能。通过维持社区生态系统平衡，实现资源和能源的高效循环利用，减少废物排放，实现社区和谐、经济高效、生态良性循环。在规划设计阶段，将考虑无污染、无危害、可循环利用等生态因素，降低各种资源的消耗，对资源和能源充分利用。同时，最大限度保留当地的地形地貌特点以及原料材质，就地取材，对环境进行整体规划和设计，充分体现地方特色。

（2）绿色智能制造。参照《工业节能与绿色标准化行动计划（2017—2019 年）》，在单位产品能耗水耗限额、产品能效水效、节能节水评价、再生资源利用等领域参与制定若干项重点标准，基本建立工业节能与绿色标准体系。研发面向绿色制造垂直工业领域的新型工业互联网设备与系统，融合 IPv6、4G/5G、短距离无线、Wi-Fi 技术，构建工业互联网试验验证平台和标识解析系统。

①杜明芳. 智慧建筑［M］. 北京：机械工业出版社，2020.

（3）绿色智慧交通。智慧交通是智慧城市各领域中发展相对较快且技术较成熟的子领域，特别是近两年无人驾驶汽车、车联网、交通大数据、交通云平台的发展大大促进了绿色智慧交通领域的迅速发展。目前，绿色智慧交通系统的前沿进展集中体现在多个方面：自动驾驶及车联网，网约车，共享出行，汽车后服务，无人机，智慧停车。就智慧停车细分领域看，近两年智慧停车行业发展迅猛，出现了一批迅速成长起来的独角兽类型企业，其业务领域分布在停车服务 O2O 平台、停车大数据应用、停车场移动互联支付、车位分享的停车位预订平台、停车联网解决方案等智能停车服务细分领域，有效缓解了停车难问题，成为绿色交通系统落地实现的重要助推力。另外，应用深度神经网络、深度机器学习开源平台，对交通大数据进行归类、提取、利用，实现多系统配合协调以缓解交通拥堵也成为绿色交通的重要解决方案和实现手段。

（4）绿色智慧能源。政府和企业应主动采取节能减排、发展可再生能源、增加森林碳汇、建立全国碳排放权交易市场和推进气候变化立法等一系列措施。加强区域内水资源、植物纤维资源以及太阳能、地热等可再生能源综合利用，落地绿色建材生产与循环利用、生活垃圾分类处理与利用、生物质再利用工程，实施垃圾焚烧堆肥、制沼气等重点工程。在自然生态方面，农村能源供给结构已经被大幅度改善，绿色能源大规模取代了煤炭、秸秆等传统资源；城市能源供给体系日益多元化，新能源占比逐步提高，能源互联网正在加速形成。绿色智慧能源系统正在被加速构建。

（5）绿色众筹金融。众筹在激发创新的同时，也在很大程度上创造就业机会，促进产业创新和经济增长。城市升级和产城融合的投融资创新模式——"城市众筹"将具有强大的生命力、爆发力及良好的发展前景。结合"城市众筹"新模式的应用，绿色众筹金融宜重点规划落实到绿色银行、绿色债券、绿色产业基金、绿色保险、绿色评级、绿色投资者网络等方面，并积极吸引绿色金融资源集聚到当地，推动绿色金融产品的创新性开发，必要时可搭建知识产权交易、绿色能源交易、产品交易金融服务平台，设立城市复兴基金，推动城市建设与更新投融资模式创新和产业转型升级。

7.2.4　绿色建材

人们对绿色材料比较形成共识的原则主要包括四个方面：能源效率、资源效率、环境责任、可承受性。其中还包括对污染物的释放、材料的内耗、材料的再生利用、对水质和空气的影响等。

绿色建筑材料含义的范围比绿色材料要窄，对绿色建筑材料的界定，必须综合考虑建筑材料的生命周期全过程的各个阶段。

1. 绿色建筑材料应具有的品质

第一，保护环境：材料尽量选用天然化、无害无毒，且可再生、可循环的材料。

第二，节约资源：材料使用应该减量化、资源化、本地化，同时开展固体废物处理和综合利用技术。

第三，节约能源：在材料生产、使用、废弃以及再利用等过程中耗能低，并且能够充分利用绿色能源如太阳能、风能、地热能和其他再生能源。

2. 绿色建筑材料的特点

第一，以低资源、低能耗、低污染生产的高性能建筑材料，如用现代先进工艺和技术生产高强度水泥、高强钢等。

第二，能大幅度降低建筑物使用过程中的能耗的建筑材料，如使用具有轻质、高强、防水、保温、隔热、隔声等功能的新型墙体材料。

第三，具有改善居室生态环境和保健功能的建筑材料，如抗菌、除臭、调温、调湿、屏蔽有害射线的多功能玻璃、陶瓷、涂料等。

3. 发展绿色建材的必要性

（1）高能源消耗、高污染排放的状况必须改变。传统建材工业发展，主要依靠资源和能源的高消耗支撑。建材工业是典型的资源依赖型行业。

当代的中国经济，一年消耗了全世界一年钢铁总量的 45%、水泥总量的 60%。一年消耗的能源占了全世界一年能源消耗总量的 20% 多。国内统计，墙体材料资源消耗量和水泥消耗量，就占建材全行业资源消耗的 90% 以上。建材工业能耗随着产品产量的提高，逐年增大，建材工业以窑炉生产为主，以煤为主要消耗能源，生产过程中产生的污染物对环境有较大的影响，主要排放的污染物有粉尘和烟尘、二氧化硫、氮氧化物等，特别是粉尘和烟尘的排放量大。为了改变建材高资源消耗和高污染排放的状况，必须发展绿色建材。

（2）建材工业的可持续发展要求必须发展绿色建材。实现建材工业的可持续发展，就要逐步改变传统建筑材料的生产方式，调整建材工业产业结构。依靠先进技术，充分合理利用资源、节约能源，在生产过程中减少对环境的污染，加大固体废弃物的利用。

绿色建材是在传统建材的基础之上应用现代科学技术发展起来的高技术产品，它采用大量的工业副产品及废弃物为原料，其生产成本比使用天然资源会有所降低，因而会取得比生产传统建材更好的经济效益，这是在市场经济条件下可持续发展的原动力。

如普通硅酸盐水泥不仅要求高品位的石灰石原料烧成温度在 1 450℃以上，消耗更多能源和资源，而且排放更多的有害气体。据统计，水泥工厂所排放的 CO_2，占全球 CO_2 排量的 5%左右，CO_2 主要来自石灰石的煅烧。如采用高新技术研究开发节能环保型的高性能贝利特水泥，其烧成温度仅为 1 200~1 250℃，预计每年可节省 1 000 万 t 标准煤，可减少 CO_2 总排放量 25%以上，并且可利用低品位矿石和工业废渣为原料，这种水泥不仅具有良好的强度、耐久性和抗化学侵蚀性，而且所产生的经济效益和社会效益也十分显著。

如我国的火力发电厂每年产生粉煤灰约 1.5 亿 t，要将这些粉煤灰排入灰场须增加占地约 1 000hm²，由此造成的经济损失每年高达 300 亿元，如将这些粉煤灰转化为可利用的资源，所取得的经济效益将十分可观。

（3）发展绿色建材有利于人类的生存与发展。良好的人居环境是人体健康的基本条件，而人体健康是对社会资源的最大节约，也是人类社会可持续发展的根本保证。绿色建材避免使用了对人体十分有害的甲醛、芳香族碳氢化合物及含有汞、铅、铬化合物等物质，可有效减少居室环境中的致癌物质的出现。使用绿色建材减少了 CO_2、SO_2 的排放量，可有效减轻大气环境的恶化，降低温室效应。没有良好的人居环境，没有人类赖以生存的能源和资源，也就没有了人类自身，故为了人类的生存和发展必须发展绿色建材。

7.3　智能建造

随着人工智能技术的发展和土木工程行业的转型升级，二者的融合业已成为行业共识。人工智能技术深度融合土木工程基础设施规划、设计、建造和养维护的全生命周期，深刻影响土木工程科学、技术与工程的发展。人工智能的深度学习和机器学习算法、计算机视觉、无人机、3D 打印、BIM、虚拟现实和增强现实等应用于土木工程，将形成无人化、全自动、智慧化、实景体验的城市和区域规划，以及土木工程设计、建造、养维护和灾害管控的新技术。在建筑工程行业，随着装配式建筑的发展，装配式建筑工厂化生产、装配化施工的特点与人工智能技术存在着天然的结合点，智能建造代表了装配式建筑乃至整个建筑行业的发展方向。

根据中国工程院院士丁烈云教授的说法，所谓智能建造，是新一代信息技术与工程建造融合形成的工程建造创新模式：即利用以"三化"（数字化、网络化和智能化）和"三算"（算据、算力、算法）为特征的新一代信息技术，在实现工程建造要素资源数字化的基础上，通过规范化建模、网络化交互、可视化认知、高性能计算以及智能化决策支持，实现数字链驱动下的工程立项策划、规划设计、施（加）工生产，运维服务一体化集成与高效率协同，不断拓展工程建造价值链、改造产业结构形态，向用户交付以人为本、绿色可持续的智能化工程产品与服务。就目前的发展水平和趋势来看，智能建造主要体现在智能规划和设计、智能施工、智能运维和管理三个方面。

7.3.1　智能规划和设计

城市规划中的人工智能应用是城市规划学科的时代标志性变革，人工智能将改变传统的城市规划方法，通过深度学习现有城市的环境、灾害、人与交通等行为大数据，结合虚拟现实情境再现技术，实现城市的智能规划。东南大学、同济大学等业已采用机器学习和深度学习，对城市生成和城市空间规律进行了研究，并尝试建立基于人工智能技术的规划设计新范式。

在建筑工程设计领域，智能技术已不仅仅是提供类似 BIM 等数字化手段辅助设计师进行设计，而是通过各类计算机算法，优化乃至自动生成设计方案。在应用智能建筑设计过程中，建筑设计过程被认为是"造物者"在计算机人工智能的虚拟"自然"中，建筑师等不断干预、方案不断迭代优化的变化过程。在结构设计时，诸如人工神经网络、机器学习等各种优化算法在力学分析和结构优化中均可被有效利用。可以预见，通过深度学习和强化学习等人工智能手段，结合现有设计资料大数据，针对需求的边界条件，未来将实现建筑、桥梁等各类土木工程设施的方案智能化设计。

7.3.2　智能施工

就目前发展情况而言，智能施工向两个方向进行发展：基于现有建造方式的智能化提升和基于 3D 打印技术的智能化转变。

1. 智能化提升

基于现有建造方式的智能化提升着重利用现有的传感监控技术、自动化技术等，对目前依赖人员的建造方式向着减人、高效的方向进行提升。我国部分地区已经开始试点实施的智慧工地则是这一类的显著代表。根据中国建筑股份有限公司总工程师毛志兵的说法，智慧工地是人工智能在建筑施工领域应用的具体体现，是建筑业信息化与工业化融合的有效载体，是建立在高度信息化基础上的一种支持对人和物全面感知、施工技术全面智能、工作互通互联、信息协同共享、决策科学分析、风险智慧预控的新型施工手段。它聚焦工程施工现场，紧紧围绕人、机、料、法、环等关键要素，综合运用信息模型（BIM）、物联网、云计算、大数据、移动计算和智能设备等软硬件信息技术，与施工生产过程相融合，对工程质量、安全等生产过程以及商务，技术等管理过程加以改造，提高工地现场的生产效率、管理效率和决策能力等，实现工地的数字化、精细化、智慧化生产和管理。就目前的发展水平而言，实质上即在工地上安装各种包括视频摄像头在内传感器，实时传输和汇总各种信息，便于管理人员及时掌握施工情况，甚至通过若干软件程序或者算法，实现自动化识别，从而更加高效地进行现场管理。

智能化提升另一个重要的方向是实现自动化建造，乃至实现机器人建造。目前，世界各地都在研发自动化施工机械，如墙砖自动黏贴机、自动拆楼机等，其中尤其以砌砖机器人或机械手居多。这类机器人化的实践以机器完全代替人工为目标，实现施工现场的少人化乃至无人化。自动化建造不仅体现在纯粹体力劳动的自动化上，还体现在施工验收等环节的自动化上。通过机器学习、图像识别等手段，针对大量重复出现的如施工验收等环节，计算机可依据相关验收标准有效识别和判别施工的完成情况，从而实现自动化验收。可以预见，随着自动化技术、机器人技术、机器学习技术等的快速发展，利用机器人或自动化机械在施工现场进行自动化施工建造将会很快实现。

2. 3D 打印技术

建筑 3D 打印技术作为新型数字建造技术，它集成了计算机技术、数控技术、材料成型技术等，采用材料分层叠加的基本原理，由计算机获取三维建筑模型的形状、尺寸及其他相关信息，并对其进行一定的处理，按某一方向将模型分解成具有一定厚度的层片文件（包含二维轮廓信息），然后对层片文件进行检验或修正并生成正确的数控程序，最后由数控系统控制机械装置按照指定路径运动实现建筑物或构筑物的自动建造。建筑 3D 打印数字建造技术实质上是全新的设计建造方法论的革新，使得传统的建造技术被数字化建造技术所取代，从而满足日益增长的非线性、自由曲面等复杂建筑形式的设计建造要求。

建筑 3D 打印技术通过计算机和自动化机械来实现无人化的建造，其建造原理上不同于现有成熟的建造方式，在一定程度上而言，也代表了建筑行业升级的一个重要的发展方向。

7.3.3　智能运维和管理

综合运用云平台、大数据、物联网、BIM 等相关技术，将项目施工和运维过程中的所有要素进行实时动态采集，并结合人工智能技术进行综合处理，可有效实现智能化的运维和管理。目前，已有许多企业及相关政府部门尝试建立相关系统，开展了智能运维和管理的应用。一般而言，智能运维和管理可分为岗位级、项目级、企业级和社会级四级。

在岗位层级上，可充分应用成熟的工具软件，提升岗位员工的应用体验，聚焦于基础管理环节的应用手段，从传统的工作方式转变为云+端的应用方式，在提高员工工作效率的同时，可实现实时动态更新，进一步便于整体的管理，已有的应用实例如现场视频监控系统、塔吊防碰撞系统、劳务实名制系统、环境监测系统、质量巡检系统、安全隐患排查系统等。在项目层级，将施工及运维过程中的人、机、料、法、环等要素进行实时动态采集，可有效实现项目协同管理。实现建设、设计、监理、施工、运维多方工作协作，实现模型管理，利用工程型集成技术、质量、安全等业务管理。在企业层级，实现数据自动采集、智能数据分析与预警，利用工程信息集成平台，实现项目过程数据采集、智能的数据挖掘和分析与预警管控，积累企业数据资产，可实现所属项目实时在线监管，动态管理项目施工和运维过程。在社会管理层级，将项目级和企业级智能运维与管理数据和应用进一步连接和扩大，形成市、省级或者行业大数据管理平台，可更好地制定相关政策、法规等，更好地指导实践。

7.4　BIM 技术应用

BIM 指的是，以三维数字技术为基础，集成了项目各种相关信息的工程数据模型，是对工程项目设施实体与功能特性的数字化表达。

事实上，BIM 作为一种管理理念，不只是建筑信息模型这么简单，而是把建筑信息模型作为共享的知识资源，为建筑物从设计、施工、运营及最终的拆除全生命周期过程中的决策和执行提供依据和支持。

7.4.1　BIM 模型建立及维护

在建设项目中，需要记录和处理大量的图形和文字信息。传统的数据集成是以二维图纸和书面文字进行记录的，但当引入 BIM 技术后，将原本的二维图形和书面信息进行了集中收录与管理。在 BIM 中"I"为 BIM 的核心理念，也就是"Information"，它将工程中庞杂的数据进行了行之有效的分类与归总，使工程建设变得顺利，减少和消除了工程中出现的问题。但需要强调的是，在 BIM 的应用中，模型是信息的载体，没有模型的信息是不能反映工程项目的内容的。所以在 BIM 中"M"（Modeling）也具有相当的价值，应受到相应的重视。

BIM 的模型建立的优劣，会对将要实施的项目在进度、质量上产生很大的影响。BIM 是贯穿整个建筑全生命周期的，在初始阶段的问题，将会被一直延续到工程的结束。同时，失去模型这个信息的载体，数据本身的实用性与可信度将会大打折扣。所以，在建立 BIM 模型之前一定得建立完备的流程，并在项目进行的过程中，对模型进行相应的维护，以确保建设项目能安全、准确、高效地进行。

在工程开始阶段，由设计单位向总承包单位提供设计图纸、设备信息和 BIM 创建所需数据，总承包单位对图纸进行仔细核对和完善，并建立 BIM 模型。在完成根据图纸建立的初步 BIM 模型后，总承包单位组织设计和业主代表召开 BIM 模型及相关资料法人交接会，对设计提供的数据进行核对，并根据设计和业主的补充信息，完善 BIM 模型。在整个 BIM 模型创建及项目运行期间，总承包单位将严格遵循经建设单位批准的 BIM 文件命名规则。

在施工阶段，总承包单位负责对 BIM 模型进行维护、实时更新，确保 BIM 模型中的信息正确无误，保证施工顺利进行。模型的维护主要包括以下几个方面：根据施工过程中的设计变更及深化设计，及时修改、完善 BIM 模型；根据施工现场的实际进度，及时修改、更新 BIM 模型；根据业主对工期节点的要求，上报业主与施工进度和设计变更相一致的 BIM 模型。

在 BIM 模型创建及维护的过程中，应保证 BIM 数据的安全性。建议采用相关的数据安全管理措施：BIM 小组采用独立的内部局域网，阻断与因特网的连接；局域网内部采用真实身份验证，非 BIM 工作组成员无法登录该局域网，进而无法访问网站数据；BIM 小组进行严格分工，数据存储按照分工和不同用户等级设定访问和修改权限；全部 BIM 数据进行加密，设置内部交流平台，对平台数据进行加密，防止信息外漏；BIM 工作组的电脑全部安装密码锁进行保护，BIM 工作组单独安排办公室，无关人员不能入内。

7.4.2　BIM 与建筑生命周期评价的关联

LCA（生命周期评价）与 LCC（全生命周期成本）需要以大量的数据信息作为基础，才能实现量化的可持续性评价。对于不同建筑与实际项目，相关的建筑信息的获取与数据精确性对建筑的可持续性评价十分重要。BIM 作为生命周期管理工具，为建筑生命周期方法的应用提供了理想的平台。BIM 可以建立建筑场地、建筑构件、结构、设备管线等模型，将建筑生命周期各个阶段的情景模拟出来，这些模型代表的数据信息为生命周期评价提供直接的数据，将 LCA 与 LCC 的可操作性大大提升。BIM 具有的以下特点使得其与生命周期评价的关联与整合十分有优势。

1. 整合性与生命周期思想的结合

与一般设计工具不同，基于 BIM 的建筑设计工具不只是针对设计前期开发，它包括场地规划、方案设计、施工过程控制等其他具体的设计阶段，将项目实施的阶段逐一细化考虑，针对不同项目又有不同侧重，整合了设计、施工、维护、拆除等阶段的建筑模型模拟，对建筑、结构、暖通、电气、给排水等各个专业部门的模型可以统一管理，使信息完整充分，实现整个项目各时期与各部门的信息化与统一化。

2. 建筑信息化与参数化管理

BIM 将建筑几何信息与数据信息关联，模型实时反映建筑的各种三维图形与二维数据，分别用于设计调整与其他可持续性分析，实现了模型数据信息化。BIM 模型中，建筑构件构造形式、材料种类与物理属性可以根据需要修改与编辑，与生命周期相关的建筑材料环境与成本等可持续性相关信息可以添加至构件材料数据库，丰富完善建筑构件信息，为今后建筑可持续性设计与决策提供技术支持。

3. 信息输出与反馈

BIM 与生命周期评价工具的结合可以对建筑、结构、设备等各个设计方案实现关联的环境评价与经济分析，提供建筑项目的可持续性指标与量化数据，形成统一的建筑设计与评价系统。BIM 可以根据分析评价的数据反馈结果重新调整建筑各个方案，这种结果预测与方案优选过程相互作用与影响，最终完成可持续性建筑。

7.4.3　BIM 模型用于施工分析和进度组织

近年来在建筑施工领域，支持关键路径分析法（CPM）的进度管理软件颇为流行，比如 Microsoft Project、Primavera SureTrak、P3/P6 等。随着 BIM 技术的发展，部分施工进度管理软件已经开始将 BIM 模型中的建筑构件和施工进度相关联，并能实现基于位置（location-based）的进度管理，比如 Vico Schedule Planner，能够有效管理从事重复性工作的团队在不同位置进行工作。

利用 BIM 模型辅助施工组织的最直接的效益是，通过将空间建筑构件和施工进度相关联，在三维空间内进行可视化的施工模拟，可以及时发现过去只有经验丰富的项目经理才能发现的施工进度组织问题。这种技术在 BIM 技术领域内称作 4D 施工模拟，是指在 3D（三维空间）的基础上，在第四个维度（时间）上对施工进度进行可视化处理。

4D 建模技术和相应的应用工具兴起于 20 世纪 80 年代，被用于大型、复杂工程，比如基础设施工程或能源工程，防止由于进度组织不合理造成的工程延期或成本增加。随着建筑工程中 3D 技术的普遍应用，早期的 4D 模拟使用"快照"的方法，手工建立 3D 模型和进度关键阶段（里程碑）的关联。90 年代的中后期，4D 模拟的商业软件开始逐步进入市场，允许工程技术人员将 3D 模型中构件或构件组合和施工进度中的任意时间相关联并能生成连续的动画文件。BIM 技术下的 4D 进度模拟可以对同一个项目的不同施工组织进行反复模拟和优化，从而找到最佳施工方案。

要实现 4D BIM 模拟的收益，合理创建 BIM 模型非常重要，同时也要正确选择适合的

4D 模拟软件。

根据施工 BIM 模型要求的精度，有可能需要对设计阶段的 BIM 模型进行深化。比如，如果 4D 模拟要求准确反映现浇钢筋混凝土结构的具体施工工艺，那么简单按照钢筋混凝土构件的外形尺寸进行建模就不够了，而要按照实际设计图纸对钢筋进行建模，然后构建模板，用以反映钢筋绑扎、支模板等施工工序。

在用于 4D 模拟的 BIM 模型中应该包含施工所需的临时设施并能够反映场地布置情况。

在选择 4D 模拟软件的时候，要评估其和 BIM 建模软件所构建的 BIM 模型的协同能力，主要考虑如下方面。

首先，需要评估软件对于不同 BIM 建模平台创建的 BIM 模型的兼容能力，考察 4D 模拟软件可以顺利导入 BIM 模型中各个构件的哪些属性，比如空间几何信息、构件名称、构件统一编码、颜色、位置等。有些基础 4D 模拟软件只能从 BM 模型导入最基本的空间位置和构件名称，其过滤功能和查询功能就非常有限了。

其次，要评估软件对于不同施工进度格式文件的导入能力。目前，Microsoft Project 是最基本的进度软件，而某些更为专业的进度管理软件，比如 Primavera，通过数据库建立进度管理模式，要求相应的 4D 模拟软件有数据库连接和管理能力，才能导入 Primavera 创建的施工进度。

4D 模拟软件还应该具有对来自不同平台的多个 BIM 模型进行整合的能力。当土建模型是由一个设计公司提供，而设备安装模型由另外一个公司用不同 BIM 建模平台创建的时候，优秀的 4D 模拟软件应该可以导入两个或多个不同格式的模型文件，并将所有构件链接到施工进度。

优秀的 4D 模拟软件还应该具有对输入的 BIM 模型进行重组的功能。设计阶段设计师创建设计模型时，其对构件的组合一般是基于方便建立设计模型的原则进行的，比如对于所有将要进行批量复制的构件进行组合，然后复制。但这些构件并不一定在施工阶段是同时施工的，所以需要将这些组合在 4D 模拟软件中打散，然后按照施工进度的规律重新组合。

4D 模拟软件还应该具有简单的建模能力。因为从设计师传递过来的 BIM 模型，一般来说不包含施工组织设计所必需的临时设施，4D 模拟人员可以在 BIM 建模软件中添加所需的临时设施，但也希望 4D 模拟软件具有简单的添加构件的建模功能，这样，一旦来自各方的模型整合完毕后，如果需要添加某些设施，可以避免很多重复性工作。

模型构件的自动关联功能可以大幅度提高 4D 模拟的工作效率。优秀的 4D 模拟软件除了自带的常用的自动关联规则外，还允许用户定制客户化的自动关联规则。比如，将构件名称开头含有"Exterior-Wall 3rd-Floor"（即第三层外墙）的所有构件和某一个特定的施工作业相关联，这样就避免了将第三层所有外墙构件一个一个手动与施工计划关联。成功应用自动关联功能的前提是，用于 4D 模拟的 BIM 模型的构件命名是符合一定命名标准的。

7.4.4 基于 BIM 技术的预制构件深化设计

1. BIM 技术在二维深化设计图中的应用

装配式建筑的设计过程就是把整栋建筑先拆分成各种预制构配件，然后设计出所有预制构配件的深化设计图，并按照深化设计图制造各种预制构配件，最后总装成整个建筑物，即像造汽车一样建房子。

预制混凝土构件的深化设计从建立预制构件数据库开始，将构件库的构件信息生成需要的表单，然后用数据库加构件库进行预制构件制造、现场施工安装模拟等。

在同一个平台上做 BIM，有利于沟通交流协商，提高工作效率。在 BIM 模型的协同设计平台中，有给水排水、暖通空调、电气专业建立的数据库，就像汽车的一个部件一样，安装在同一个装配式建筑里。还可以把建筑的内、外装饰集成在建筑信息化模型内，形成更大的信息化模型，进行整体投资和成本分析。

BIM 模型不仅仅是一个可视化模型，利用 BIM 技术，可以建立虚拟构件图库。使用已经建立的 BIM 模型，对装配式建筑的后续工作进行深入的应用，包括打印二维施工图纸、协同设计与碰撞检查、现场施工与安装模拟、竣工验收和运营维护等。

建立 BIM 模型，可以利用其中包含的数据信息进行日照环境分析、噪声环境分析等。

2. 预制混凝土构件基于 BIM 技术的三维成果表现

BIM 模拟建造过程，就是通过三维动画或者是 BIM 三维示意图来模拟预制混凝土构件制造、建造过程，包括钢筋绑扎、现场的装配式建筑构件安装等。

第一，应用 BIM 技术，每一种外墙、内墙、叠合楼板等预制混凝土构件，既可以用三维动画形式展示出来，又可以将这些预制构件的二维深化设计图直接打印出来。

第二，应用 BIM 技术，可以从任意一个方向观察模型，而不是单从平、立、剖三个方向观察。应用 BIM 技术，还可以选取 BIM 模型的一部分数据库，做不同的直观效果演示。

一个预制钢筋混凝土墙板，人们可以把它的外表皮材料揭开，观察内部构成，用色彩体现它不同的构造关系，也可以把所有的外边材质去掉，看到里边钢筋是怎么样的排布方式，包括灌浆套筒的方式，都可以提供给构件生产单位。

卫生间内的管线也可以通过 BIM 模型加以体现，每个部分使用的是什么材料，是哪个厂家生产的，都可以使用 BIM 模型进行演示。

集合单个预制构件的 BIM 数据库，就可以产生整个项目的数据库。这种数据库对整体工程非常有价值，相当于把建筑项目所有的信息集成在一个三维信息化模型里，这是对工程项目非常有用的三维信息化模型。

参考文献

1. 陈锡宝，杜国城. 装配式混凝土建筑概论［M］. 上海：上海交通大学出版社，2017.

2. 成都市土木建筑学会，成都建筑工程集团总公司. 四川省装配式混凝土结构工程施工与质量验收规程［M］. 成都：西南交通大学出版社，2016.

3. 丁晓燕，郝敬锋，雷冰. 装配式混凝土结构工程［M］北京：中国建材工业出版社，2021.

4. 杜常岭. 装配式混凝土建筑施工问题分析与对策［M］. 北京：机械工业出版社，2020.

5. 甘其利，陈万清. 装配式建筑工程质量检测［M］. 成都：西南交通大学出版社，2019.

6. 郭辉，伍卫东. 建设工程实用绿色建筑材料［M］. 北京：中国环境科学出版社，2013.

7. 郝贠洪. 建筑结构检测与鉴定［M］. 武汉：武汉理工大学出版社，2021.

8. 河南省建设工程质量监督总站. 主体结构工程检测［M］. 郑州：黄河水利出版社，2006.08.

9. 华炽. 装配式混凝土建筑技术管理［M］. 武汉：武汉理工大学出版社，2020.

10. 简斌. 结构检测与鉴定［M］. 重庆：重庆大学出版社，2020.

11. 江苏省住房和城乡建设厅，江苏省住房和城乡建设厅科技发展中心. 装配式混凝土建筑构件预制与安装技术［M］. 南京：东南大学出版社，2021.

12. 李殿平. 混凝土结构加固设计与施工［M］. 天津：天津大学出版社，2012.

13. 刘洪滨，幸坤涛. 建筑结构检测、鉴定与加固［M］. 北京：冶金工业出版社，2018.

14. 刘秋美，刘秀伟. 土木工程材料.［M］成都：西南交通大学出版社，2019.

15. 刘晓晨，王鑫，李洪涛，等. 装配式混凝土建筑概论［M］. 重庆：重庆大学出版社，2018.

16. 龙建旭，胡伦. 建筑主体结构检测［M］. 武汉：武汉理工大学出版社，2020.

17. 牛伯羽，曹明莉. 土木工程材料［M］. 北京：中国质检出版社，2019.

18. 上海市城市建设工程学校. 装配式混凝土建筑结构施工［M］. 上海：同济大学出版社，2016.

19. 上海市建筑建材业市场管理总站，上海市建设工程检测行. 上海市建设工程检测定额［M］. 上海：同济大学出版社，2019.

20. 时柏江，林余雷，蔡时标. 混凝土及砌体结构工程检测手册 ［M］. 上海：上海交通大学出版社，2018.

21. 宋功业，邵界立. 混凝土工程施工技术与质量控制 ［M］. 北京：中国建材工业出版社，2003.

22. 孙俊霞，王丽梅. 装配式建筑混凝土结构施工技术 ［M］. 成都：西南交通大学出版社，2019.

23. 田春鹏. 装配式混凝土结构工程 ［M］. 武汉：华中科技大学出版社，2020.

24. 田奇，马志奇，童占荣，等. 钢筋及预应力机械应用技术 ［M］. 北京：中国建材工业出版社，2004.

25. 吴京戎著. 土木工程材料 ［M］. 天津：天津科学技术出版社，2019.

26. 吴兴国，陈建阁. 绿色建筑一本通 ［M］. 北京：中国环境科学出版社，2015.

27. 夏峰，张弘. 装配式混凝土建筑生产工艺与施工技术 ［M］. 上海：上海交通大学出版社，2017.

28. 杨南方等. 混凝土结构施工实用手册 ［M］. 北京：中国建筑工业出版社，2001. 12.

29. 杨杨，钱晓倩. 土木工程材料 ［M］. 武汉：武汉大学出版社，2018.

30. 杨正宏. 装配式建筑用预制混凝土构件生产与应用技术 ［M］. 上海：同济大学出版社，2019.

31. 游普元. 建筑材料与检测 ［M］. 哈尔滨：哈尔滨工业大学出版社，2017.

32. 袁广林，鲁彩凤，李庆涛，等. 建筑结构检测鉴定与加固技术 ［M］. 武汉：武汉大学出版社，2022.

33. 赵永杰，张恒博，赵宇. 绿色建筑施工技术 ［M］. 长春：吉林科学技术出版社，2019.

34. 丁凯，曹征齐. 混凝土工程类 ［M］. 郑州：黄河水利出版社，2008. 12.

35. 周恩泽. 主体结构 ［M］. 北京：中国建材工业出版社，2018.

36. 张波. 装配式混凝土结构工程 ［M］. 北京：北京理工大学出版社，2016.

37. 李全旺，张望喜. 装配式混凝土结构抗强震与防连续倒塌 ［M］. 南京：东南大学出版社，2019.

38. 朱锋，黄珍珍，张建新. 钢结构制造与安装：第 3 版 ［M］. 北京：北京理工大学出版社，2019.

39. 杜明芳. 智慧建筑 ［M］. 北京：机械工业出版社，2020.

40. 郭卫宏，胡文斌. 岭南历史建筑绿色改造技术集成与实践 ［M］. 广州：华南理工大学出版社，2018.

41. 北京市前三门统建工程指挥部板缝防水科研组. 外墙板接缝构造防水施工要点 ［J］.

建筑技术，1979（04）：5-9.

42. 陈颖斌，宋雄彬，谭学民，等. 基于雷达法的装配式混凝土新旧结合面缺陷检测技术应用研究 [J]. 广州建筑，2022，50（02）：69-74.

43. 顾盛. 装配式混凝土结构连接节点质量检测的困惑与破解之道 [J]. 工程质量，2018，36（11）：1-6.

44. 黄健，钟言鸣，陈清. 装配式混凝土钢筋套筒灌浆连接检测分析 [J]. 工程质量，2019，37（09）：43-46.

45. 郎顺潮. 装配式混凝土结构建筑质量检测技术的发展探讨 [J]. 住宅与房地产，2017（03）：171.

46. 李虎，谢相峰，等. 装配式混凝土结构套筒灌浆连接质量检测技术研究进展及发展趋势 [J]. 施工技术（中英文），2023，52（08）：1-9+22.

47. 刘传卿，崔士起，丁一旭，等. 预制混凝土结合面粗糙度测定技术综述 [J]. 建筑技术，2018，49（S1）：174-175.

48. 刘建平，魏建友，姚俊宇. 装配式混凝土结构质量检测技术 [J]. 施工技术，2020，49（S1）：394-395.

49. 宁宝骞. 研究装配式混凝土结构连接节点质量检测的困惑与解决对策 [J]. 建材与装饰，2019（29）：47-48.

50. 曲金辉. 混凝土中钢筋保护层厚度检测准确性分析 [J]. 上海建设科技，2020（01）：59-62.

51. 翁荣军，李文杰. 浅谈混凝土结构中钢筋保护层厚度的检测 [J]. 自然科学，2018（02）：49.

52. 徐栋. 装配式混凝土结构建筑质量检测技术的发展 [J]. 安徽建筑，2022，29（11）：179-180.

53. 张斌. 装配式混凝土结构检测应关注的核心问题 [J]. 科学技术创新. 2019（35）：119-120.

54. 张光华. 装配式混凝土结构建筑质量检测技术的发展探究 [J]. 冶金管理，2022（03）：106-108.

55. 张文龙. 装配式混凝土结构关键连接技术研究 [J]. 安徽建筑，2019，26（02）：80-81.

56. 周永波，王丽. 建筑基坑常规变形监测技术问题探讨 [J]. 城市勘测，2016（01）：141-144.

57. 朱骏. 预制节段拼装结构套筒连接检测方法综述 [J]. 城市道桥与防洪，2022（03）：

156-159+19.

58. 竺士敏. 页岩陶粒珍珠岩混凝土外墙板接缝防水设计与试验［J］. 建筑技术，1979
　　（04）：13-16.

59. 聂正凡，刘俊慧. 装配式工程中裂缝质量问题［J］. 城市建设理论研究（电子版）.
　　2023（03）：49-51.

60. 刘静，阎长虹. 装配式建筑预制构件生产实训课程建设与实践探索［J］. 创新创业理
　　论研究与实践. 2023，6（06）：100-103.

61. 常春光，常仕琦. 装配式建筑预制构件的运输与吊装过程安全管理研究［J］. 沈阳建
　　筑大学学报（社会科学版），2019，21（02）：141-147.

62. 常胜. 雷达法在某输水工程水工混凝土质量检测中的应用［J］. 水利技术监督，2022
　　（05）：20-23+46.

63. 侯高峰. 冲击回波法检测技术现状与发展［J］. 工程与建设，2016，30（06）：802
　　-805.